高密度住宅建筑

高密度住宅建筑

[西] 塞尔吉·科斯塔·杜兰　编著
林　源　宋　辉　裴琳娟　译
林　源　校

中国建筑工业出版社

著作权合同登记图字：01-2010-0702号

图书在版编目（CIP）数据

高密度住宅建筑／（西）杜兰编著；林源等译．—北京：中国建筑工业出版社，2010.11

ISBN 978-7-112-12566-1

Ⅰ.①高… Ⅱ.①杜… ②林… Ⅲ.①住宅-建筑设计-作品集-世界 Ⅳ.①TU241

中国版本图书馆CIP数据核字（2010）第198577号

High Density Housing Architecture / Sergi Costa Duran

责任编辑：戚琳琳　孙　炼

责任设计：陈　旭

责任校对：张艳侠　姜小莲

高密度住宅建筑

［西］塞尔吉·科斯塔·杜兰　编著

林　源　宋　辉　裴琳娟　　译

林　源　　　　　　　　　　校

*

中国建筑工业出版社出版、发行（北京西郊百万庄）

各地新华书店、建筑书店经销

华鲁印联（北京）科贸有限公司制版

北京顺诚彩色印刷有限公司印刷

*

开本：880×1230毫米　1/16　印张13½　字数：416千字

2011年6月第一版　2011年6月第一次印刷

定价：109.00元

ISBN 978-7-112-12566-1

（19825）

目 录

序

“有一件事是千真万确的。那就是相比于从前，地球现在被更多地耕垦和开发。畜牧业就是压力的一个明证，沼泽正在干涸，而城市的规模变得前所未有的大。我们已经变成了我们的星球的负担。资源正在变得不足，很快自然将不再能满足我们的需要。”

——昆塔斯·塞普蒂米乌斯·特图里安，基督教神学家，罗马，公元200年

在过去几十年里，城市所面临的压力是毋庸置疑的。不需要通过关注统计数字才能够认识到我们的城市是大家越来越想去、想工作、想生活的地方。无论如何，生活在城市中心及近中心地区的便利在过去已经胜过了郊区生活的优势。这个朝向城市的驱动力已经从一种趋势变成一种持久的状况，那就是世界上大多数的人口最终都将会生活在都市地区。

聚焦于都市生活的结果就是，在我们的这个时代，城市住宅成了最普遍的建筑类型。当人们涌向城市，全世界的建筑师和开发商们已经在忙于应付这种对住宅的需求。在城市中以前的政府和城市规划者们的区域发展多层住宅，在如今是对私人区域的一种挑战。特别是在世界各地，不论是北京或芝加哥、墨西哥城或曼彻斯特，首先是中、上阶层的居住规划主导着城市的轮廓线。这些被城市化的趋势推动着的居住规划正在对普遍实行的住宅规划和设计重新进行诠释。在2003～2008年这一段时间内，多层住宅催生了许多新奇的建筑设计，特别是在城市发展的新区。由于这一现象，21世纪的第一个十年将会因这些住宅设计的多样性和大批量而不被遗忘。

起因于城市化的住宅设计的大众性影响了新建筑类型的产生并阐释了这快速增长的都市住区的居住生活。我们正在开始看到不同的都市居住模式，它们的基础是依照这些社会经济阶层所需的新的空间、规划和生态参数重组的公寓小区。世界各地的公寓建筑的面貌一度被编码成某种标准的类型，现在开始转化为一种由市场压力、环境条件和生活方式共同确定的混合物。

说起来有些矛盾，尽管每一个地方的情况都是特殊的，但是它们却彼此相同，因为人们追求的是相似的生活方式。在全球生活方式的创造中媒体的影响激发了模仿这些生活程式的愿望，形成了某种我们称作普遍的国际化的东西。看看《墙纸》（Wallpaper）和类似的杂志，今天我们可以说在住的房子、吃饭的餐馆和出门时常去的旅馆等方面有着相同生活方式的人们属于同一个阶层。同世界范围的国际化风格的关联已经创造了一种氛围，连同市场条件和最大化的本地及环境特质，新的住宅形式已经浮现出来。

本书的主题是21世纪最初几年的多层住宅设计。这里包括从2004~2009年的设计，我们将看到城市化对这些建筑物的建筑和城市设计的品质的影响。当分析这些设计的时候，我们将关注于本地市场和环境或

曼彻斯特

纽约

悉尼

伦敦

芝加哥

生态条件怎样作用于当今全球的建筑风格以产生新的大都市生活方式。

当代住宅：古老的城市语境／新的都市生活

城市地区的发展是很重视地点的。但是由于城市的土地已经变得昂贵，在城市以前的工业和基础设施区域内开发商们必须考虑到新的城市语境。过去的工业区和商业区因为靠近城市中心现在成了住宅规划区。在那里，曾经是仓库、铁路、运河和公路主导着城市的景观，如今我们看到的是正在建设中的大型住宅区。

苏黎世

这种居住和基础设施融合的最生动的案例之一是纽约的Niel Denari's H23方案。它位于曼哈顿岛一个老的仓储和轻型制造业区的西侧，选址邻近货运铁路线，这条铁路是为该区域的工业服务的但是现在已停用。H23的建筑将悬挑跨过铁路线与一个公园相接；在另一侧，在结构上富于表现力的立面将是老铁路的工业结构的当代版本。透过公寓巨大的玻璃侧面，建筑物的楼层在其他三个面上显露出来，使望向铁路线和由附近的哈得孙河西望的景观达到最佳。优良的景观、光线和空气质量是这类建筑物的普遍特点。阿姆斯特丹的dkv's Niuew Australie，一个类似的当代与过去的工业建筑的联合体，与一个老旧的仓储综合体结合为整体。在这个案例中，建筑师设计的新的部分从老的仓储建筑中伸出，几乎将它们完全覆盖住。尽管是更多的新的建筑物支配着老的建筑物，建筑师们还是对先前的比例关系给与了充分的尊重，从而产生了几何形式上的和谐关联。公寓的设计灵感也来自于仓储建筑的开放平面，有着最少的固定设施和最优化的自由布局。

北京

在另一个类似的新住宅与旧商业建筑的结合体，位于加拿大多伦多的、由建筑师联盟设计的Tip Top Lofts中，以前的纺织厂被修复和重建，一个6层的钢框架在原有的结构中竖立起来。在这个多伦多城市轮廓线的新地标中，空敞的LOFT公寓的设计通过采用老工厂建筑的原有比例将景观和光线进行最优化。 Winka Dubbeldam，使用了基于纽约的坚固的高技术，探索了一种适用于格林威治街497号这一项目的新策略，即利用旧仓库的立面作为规划的生发点。 它仅仅保留了仓库的立面，一道玻璃幕墙设立在仓库的砖构立面的上面和旁边，创造了老的工厂建筑与发展中的新住宅建筑的融合的邻里关系。

新区中的多样生活

萨瓦德尔

位于市区的新居住区的发展已经促成了既具有灵活性又符合模式化的新公寓类型的产生。这些建筑物是部分地建立在老的LOFT生活方式的基础上的，但是也考虑到了为城市居民动态多变的生活方式所必需的便利性。有时被称为软LOFT的这类住宅的新形式保留了工业建筑的巨大尺度，在即将形成的居住区已经创造了类似LOFT住宅的内部空敞的公寓。例如这个案例，哥本哈根的VM住宅项目，作为标准的高层公寓，这些组成单元被设计成LOFT空间，每一个在宽度和高度上都是一致的，居住者可以在这个模式化的基础上去组织和设计他们个人独有的居住空间。VM坐落在两条运河旁，是建在一个紧邻市中心的新区Ørestaden中的第一个住宅项目，规划要将自然和建成环境融合为一体。这个方案提出的可变公寓的概念在芝加哥的天桥方案中也能看到，这个塔楼的创新的竖向与水平的设计考虑到了预想的设计的可变性，从而形成了一种随意的、类似乡村风格的特质，也就是说，组成单元的高度、宽度和数量都是可以根据变化的市场情况改变的。

由于这些新区域未经开发，在这里设计新的住宅区也意味着当环境不适合时建筑师们还必须规划设计建筑物之间的公共空间。在英国的曼彻斯特，对于位于城市中心、运河和主干道之间的Lock住宅，MBLA建筑事务所设计了一个内部的、高9层的、充满光线的中心“街道”。立面上的开口使日光充分地进入这个空间，这里有跨过玻璃屋顶的步道和通向公寓前门的通道。这个内部的城市环境提供了一个与周围有些荒芜的环境隔离开的、可供选择的公共区域。西班牙Sabadell的两个方案，Bosch 和 Cardellach&Lacy 89，是由GCA建筑事务所设计的，这是旅馆设计的专家，把他们设计生动的内部公共空间的知识通过顺应其内部运用到了这些住宅建筑的设计中。这些建筑向外呈现出一种整体的、安静的外观立面，而向内则是内部空间和庭院的富有活力的混合。

塔楼和景观的混合

城市中心在空间上的优点是，住宅建筑作为包含有商务空间和购物区的综合规划的一部分经常被竖向堆叠起来。这些功能混合的新地块给开发者提供了某种程度的产业灵活性，因为这能使建筑物24小时都有活力。这样的例子是澳大利亚悉尼的Air公寓，一个37层的高层住宅，由伊万·摩尔建筑事务所设计。两座独立的公寓大楼设计成规则的几何形状，用色彩和天窗突出其立面，在底层混合了商场和地铁站。楼层和结构的竖向堆叠一点也没有削弱建筑物的生态性能，由于两座塔楼匀质的构造考虑到了对流通风，并将望向大海和遍览城市的景观的丰富性赋予了每一间公寓。

关于今天公寓住宅的时尚，更典型的是像墨西哥城的圣塔菲（Santa Fe）塔楼那样的，它由费尔南多·罗梅罗（LAR-Fernando Romero）事务所设计。虽然是住宅，但它提供了酒店所能提供的全部服务和享受。

东京

哥本哈根

多伦多

墨西哥城

阿姆斯特丹

名古屋

伊斯坦布尔

昆士兰

城市的生成和再生

在发展中国家，比如中国和土耳其，正在建设中的新的住宅区与欧洲和美国的相似，这反映了当今世界居住建筑发展的前景。在P&T建筑事务所设计的中国上海翠湖御园项目和土耳其伊斯坦布尔的Selcuklu Konaklari中，这种大片的多层居住建筑的设计采用了历史建筑的风格，使居民感受到现代生活便利的同时也感受到与过去的联系。或者某些相反的实例，如伊斯坦布尔的Kemerlife，现代建筑在过去曾创造了同全球文化的联系，在这个设计中，发展中的社会对现代居住生活的评价也已经发展变化了。

有时这些设计是可以适应小城市的规模的，如Xinzhao住宅区，一个整体的公寓综合体，包括独立的公寓大楼和三车道的主路及公园。这些快速发展的社区的需求表明建筑的风格和城市规划必须非常实际地、直接地满足城市的需要。

当然，住宅建设和城市再生的问题在欧洲和美国已经讨论了快一个世纪了。这已经形成了一个观点，即设计可以弥补和改善城市的衰微。在伦敦由彼得·芭贝设计的Donnybrook住区，使街道生活能够实现是首要的问题，由此生成了动态的城市格局。居民和参观者之间的关系来自于街道上的活动，使得这个区域成为持久的中心。传统的城市生活不仅重新被创造，而且在建筑的模式化几何形式的内部自然地生成。相似的方式，有瑞士苏黎世的Camenzid Evolution工作室设计的湖滨住区方案，将先前的工业用地重建成一个富有吸引力的新的工作与生活中心，并且同该区域内现存的古老工厂和谐相融。每个建筑，从底层的办公室到上层的公寓，都被设计得既表现出各自的特征又与整个综合体协调一致。同现代需求相适应的传统建筑，Soeters Van Eldonk建筑事务所设计的阿姆斯特丹的金字塔方案创造了城市的和谐。这个180英尺高、金字塔形状的建筑再现了传统的荷兰建筑的形象，与它周围十分平淡的现代建筑形成了鲜明的对比。

生态

在今天，城市的发展意味着生态因素不仅关系到开发商也关系到可能的居住者，他们越来越关注设计的生态特质。在以前的住宅中功能和设计是主导性的，而今天我们把生态问题也看作是住宅设计中的重要因素。在这里，城市住宅的发展方向是潜在的——生态策略保证了新的住宅类型所需的密度。

Gökhan Karakuş，伊斯坦布尔，2008年4月

湖滨住区

Seewurfel在德语中是“湖边小屋”的意思，该居住区位于苏黎世附近，是由八栋新的公寓及办公建筑共同组成的一个综合体，周围有动人的湖滨景观和城市风光。这个项目利用了原有的工业区，使之变成了一个新的、富有吸引力的工作与生活中心，并且通过与这个区域的历史肌理相融合形成了自己的现代风格。

精心布置的八个建筑物创造出了一个广场，居住区即以这个概念性广场为基础。这八个建筑物设计成不同的形状和大小，以便能与周边的现有建筑物相协调。独立的景观广场和外部的区域为业主和周边住户创造了多样的空间环境。建筑结构的特征在于使用独特的镀膜材料，包括灰色的纤维水泥面板和经过特殊处理的、由半钢化玻璃及带UV清漆面层MDF板组成的硅胶粘合板。三种不同类型的木质饰面板来自于对森林资源的有效利用，并且选取材料所特有的颜色和纹理，使每个建筑具有显而易见的特征，也使得毗邻的砖砌表面和木框架之间形成一种微妙的联系。

八套豪华复式公寓位于建筑物顶部的两层，用精致的细部和考究的工艺品进行单独的设计布置。灵活可变的空间设置在包含着浴室及多用途房间的固定空间的周围。室内的采暖和照度是遵照最高的瑞士能效标准的，采用地热力泵系统进行环境舒适度的冷暖调节。

建筑师：

CAMENZIND EVOLUTION

用地面积：

5270平方米

建筑面积：

934.57平方米（公寓）

4700平方米（办公）

公寓数量：

8套

完成时间：

2006年

项目内容：

多用途更新发展

主要材料：

灰色纤维水泥面板

半钢化玻璃及带UV清漆面层MDF板组成的硅胶粘合板

木质饰面板

苏黎世，瑞士

城市面积：92.03平方公里

人口数量：376815人

人口密度：4094人/平方公里

照片来自

Ferit Kuyas

位置图

综合体中的八座建筑均在其二层和三层设有办公区，顶部两层是复式公寓，面积在139~279平方米之间。

商业空间的面积是4645平方米，而居住部分的面积是1486平方米。总投资达5600万美元。

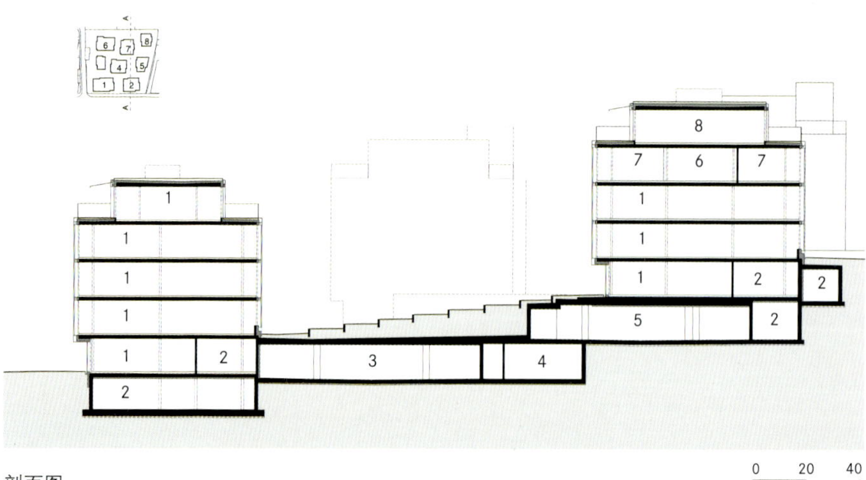

剖面图

1. 办公区
2. 库房
3. 一层停车场
4. 设备用房
5. 二层停车场
6. 书房
7. 卧室
8. 起居室/餐厅

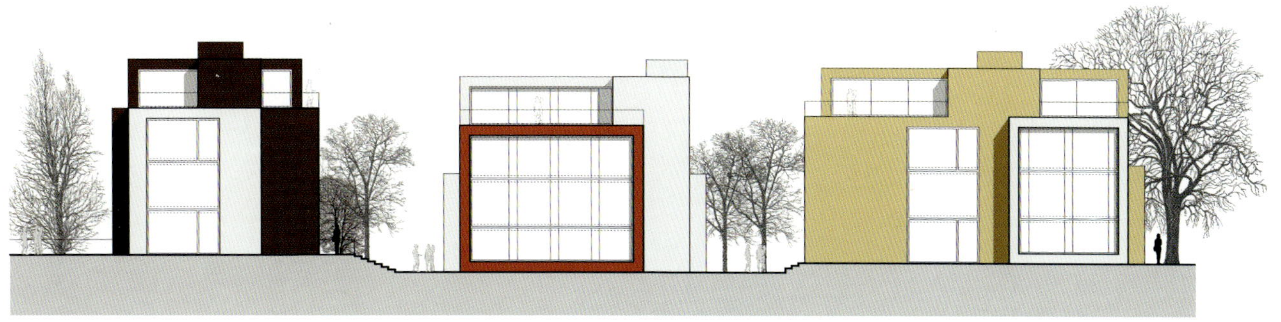
北立面图

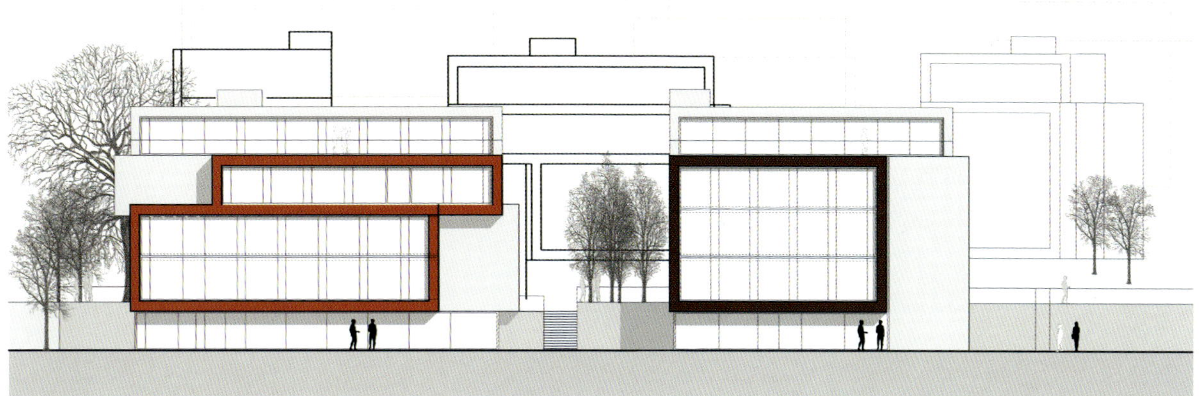
南立面图

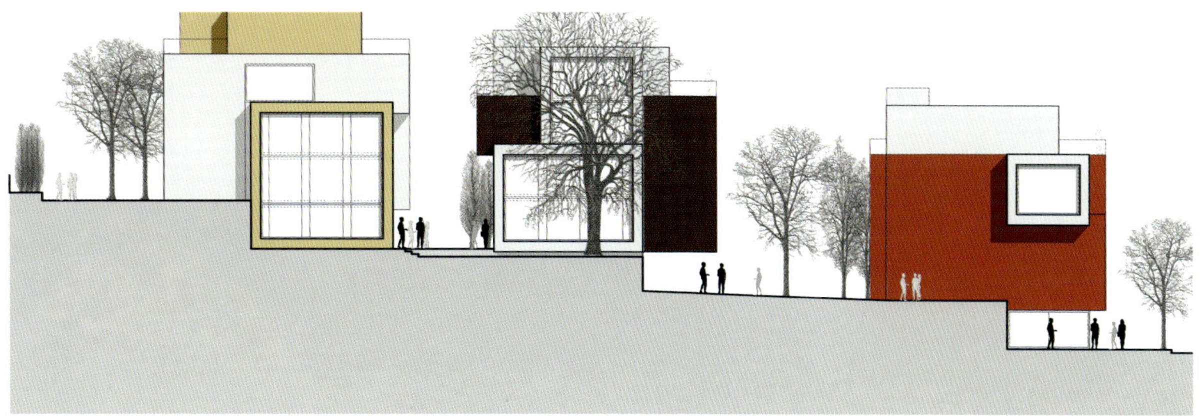
西立面图

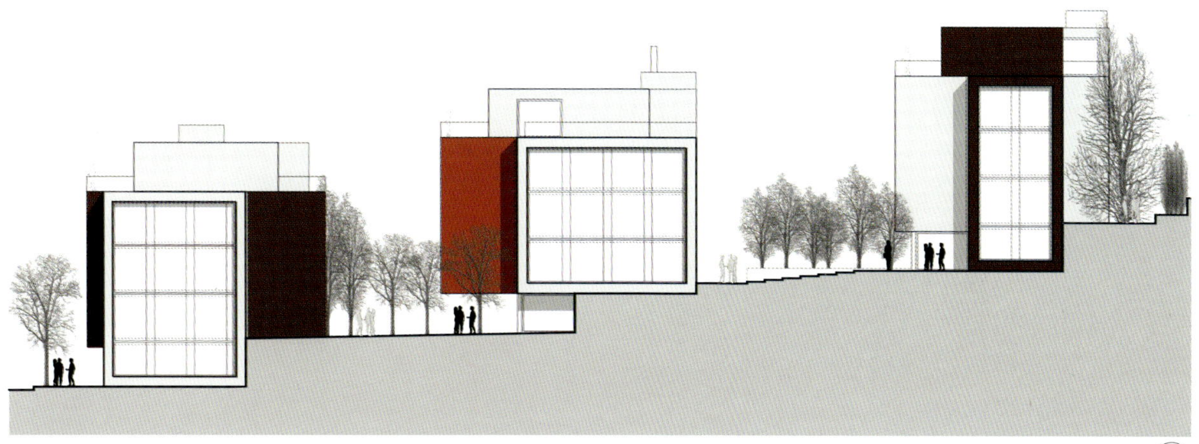

东立面图

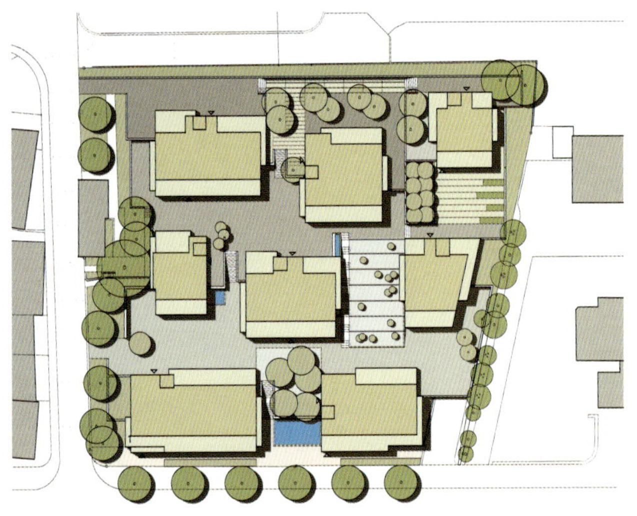

屋顶平面图

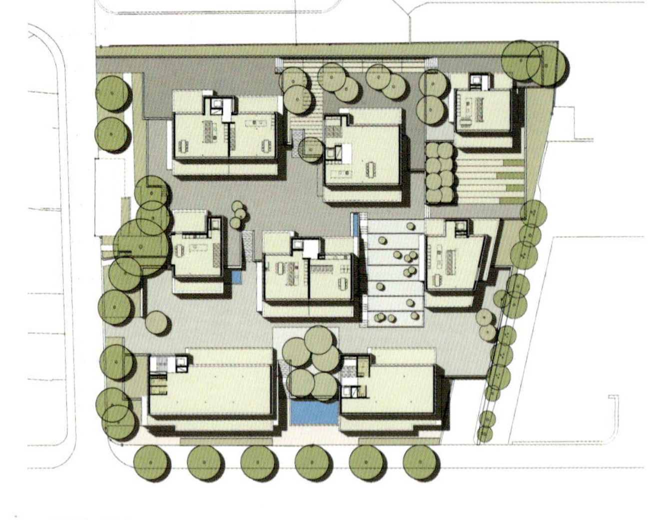

四层平面图

三层平面图

二层平面图

地面层平面图

0 10 20

在室外的“广场”中，玻璃和木质面板的鲜亮颜色与质感，连同玻璃柔和的映像一起创造出阳光充溢的温暖氛围。

在室内，采用木材、玻璃和素混凝土材料。无论在厨房还是浴室，都能看到苏黎世的37.5万居民在室外看到的景色。

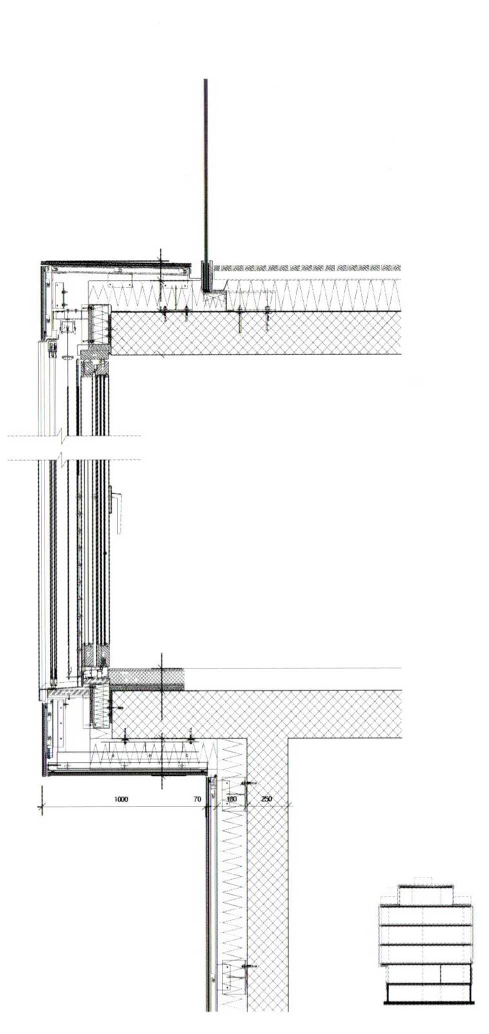

节点剖面详图

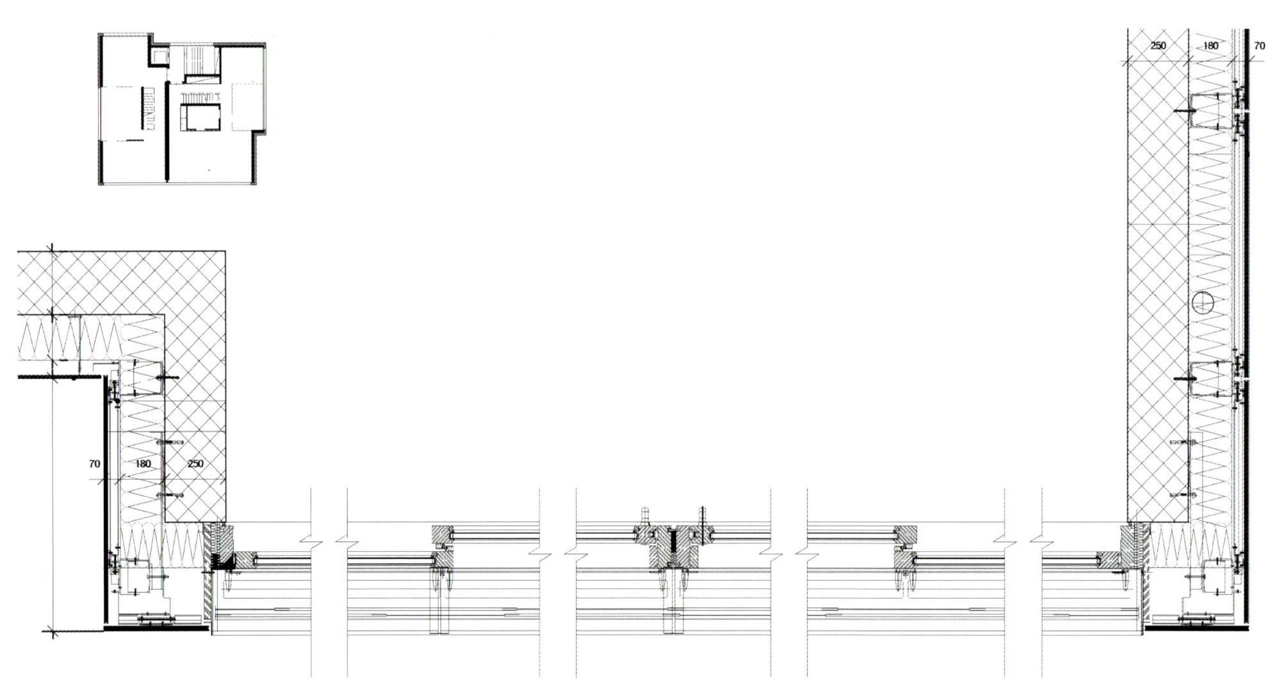

节点平面详图

CAMENZIND EVOLUTION

Samariterstrasse 5
8032 Zurich，Switzerland
P. +41 44 253 95 00
F. +41 44 253 95 10
zurich@camenzindevolution.com
www.camenzindevolution.com

近年的多层住宅作品

湖滨住区，苏黎世，2006年
22 Prestige 住宅，Zollikon，2005年
Sempacher LOFT住宅，苏黎世，2003年
Drusberg公寓，苏黎世，2002年

HL23

这座令人吃惊的、雕塑般的14层住宅塔楼将从纽约市High Line高架铁路（HL）的路基下升起。HL23的独特形式是满足七个分区的不同要求的变异结果。这一项目由市政府授权，目的在于通过设计改善城市景观。

HL23共有11套住宅，其中9套是标准住宅，顶层的一套是复式的，底层的一套也为复式，还带有私人花园。

HL23贯彻LEED最高标准。作为居住建筑，应注意在保障居住者健康的同时，提高室内空气质量并提供充分的自然光照明。在这个设计中一些绿色策略正在实施，例如：1）提供至少高于现行建筑标准30%的通风和室内空气质量标准，为居住者创造健康的室内环境；2）使用特定的含有低挥发有机化合物的产品和材料以进一步提高室内空气质量，保障居住者的健康；3）特殊高反射屋面制品，以减少都市的“热岛效应”；4）高效机械系统和坚固建筑表皮的一体化，减少15%～25%的建筑耗能；5）实行施工废料管理计划，该项计划的实施至少能减少75%的填埋垃圾；6）使用可再生比例高的材料，减少我们对天然材料的需求。

建筑师：

NMDA

用地面积：

3644．8平方米

公寓数量：

11套

完成时间：

2009年

项目内容：

私人住宅

主要材料：

玻璃幕墙，钢和铝，金属氧化涂层，水磨石，石膏板，铝，木（地面）

纽约，美国

城市面积：789.1平方公里

人口数量：827.5万

人口密度：10486人/平方公里

大都市区人口数量：1881.9万

照片来自

Hayes Davidson/ 伦敦

Neil Denari，南加利福尼亚州建筑学会的前任负责人，引领使用一种倒锥体样式和变更底层平面的建造方式，忠实于他的“文化持续性”观念，并在实践中不曾忘记他建造于其上的这块用地的历史遗产。

这个建筑随着增高而变大的方式是照应用地的特殊性和铁路结构的相似性。它的轮廓形成了一种视觉效果：建筑显得相当纤细，这有助于它更好地适应其所在的城市环境。

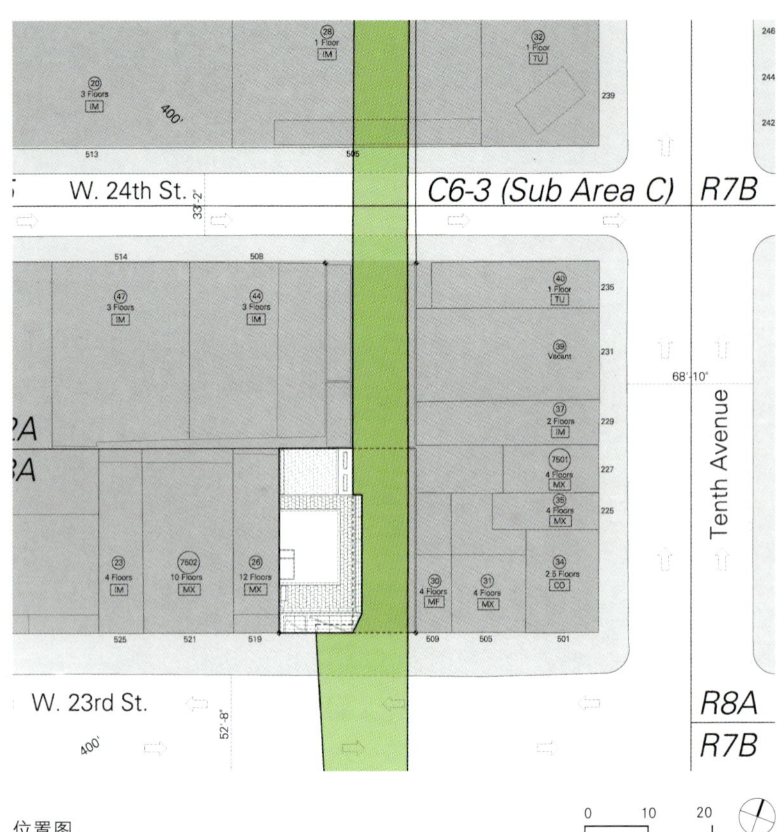

位置图

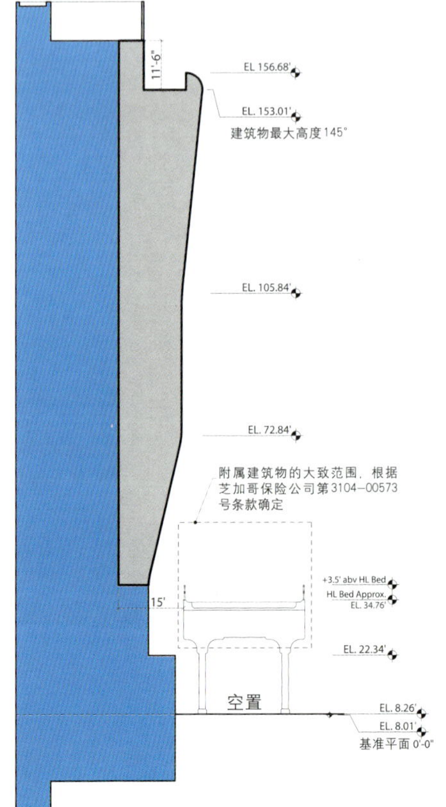

由纽约市授权，需要改造的七个区域中的一个。

Sec.98-52的改造允许在高架铁路的前方、高出铁路路基1.04米。

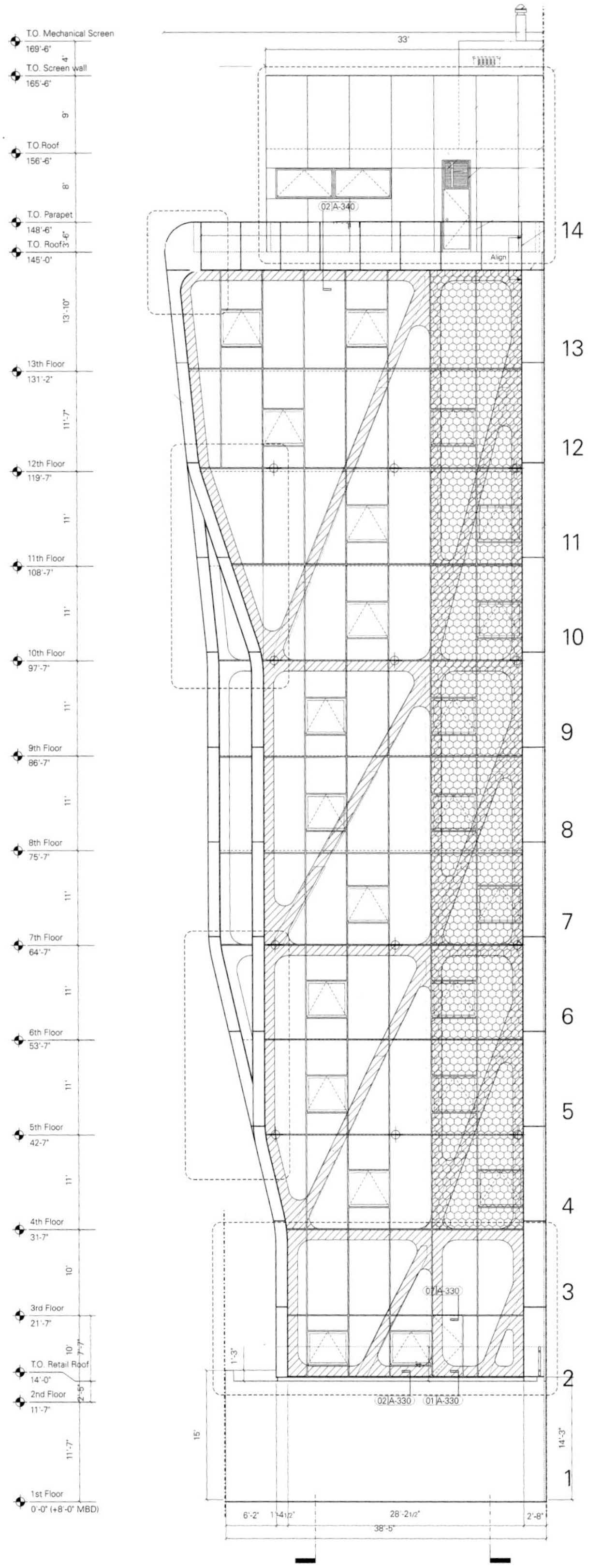

T.O. Mechanical Screen 169'-6"
T.O. Screen wall 165'-6"
T.O. Roof 156'-6"
T.O. Parapet 148'-6"
T.O. Roof 145'-0"
13th Floor 131'-2"
12th Floor 119'-7"
11th Floor 108'-7"
10th Floor 97'-7"
9th Floor 86'-7"
8th Floor 75'-7"
7th Floor 64'-7"
6th Floor 53'-7"
5th Floor 42'-7"
4th Floor 31'-7"
3rd Floor 21'-7"
T.O. Retail Roof 14'-0"
2nd Floor 11'-7"
1st Floor 0'-0" (+8'-0" MBD)

北立面图

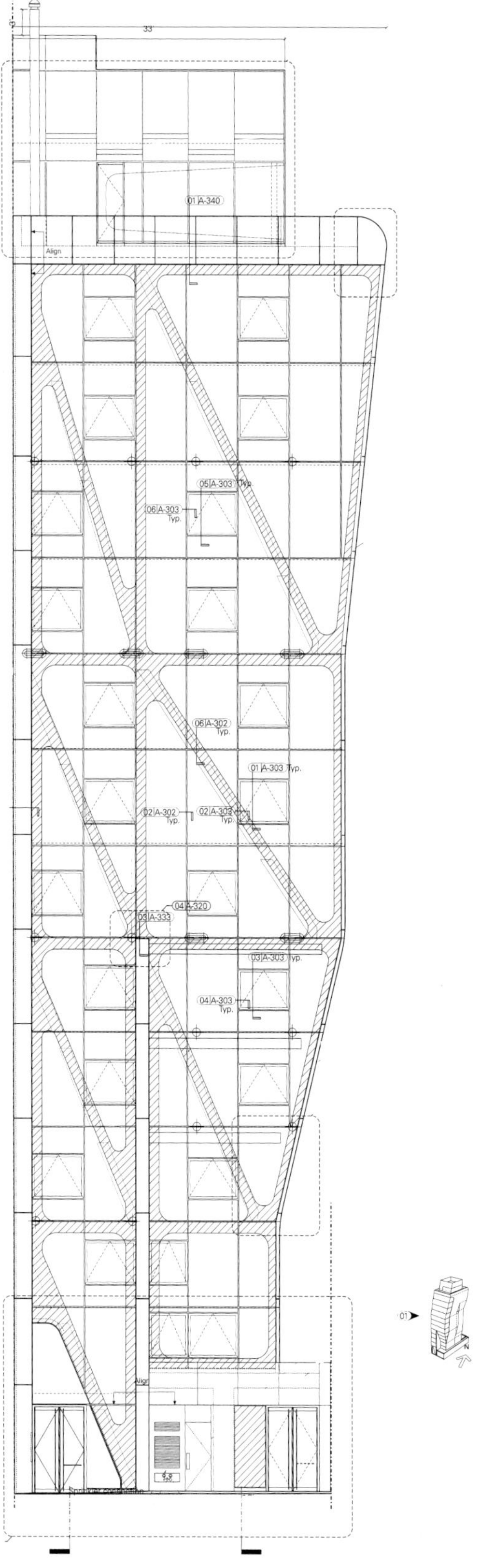

南立面图

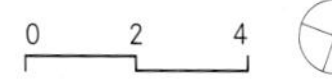

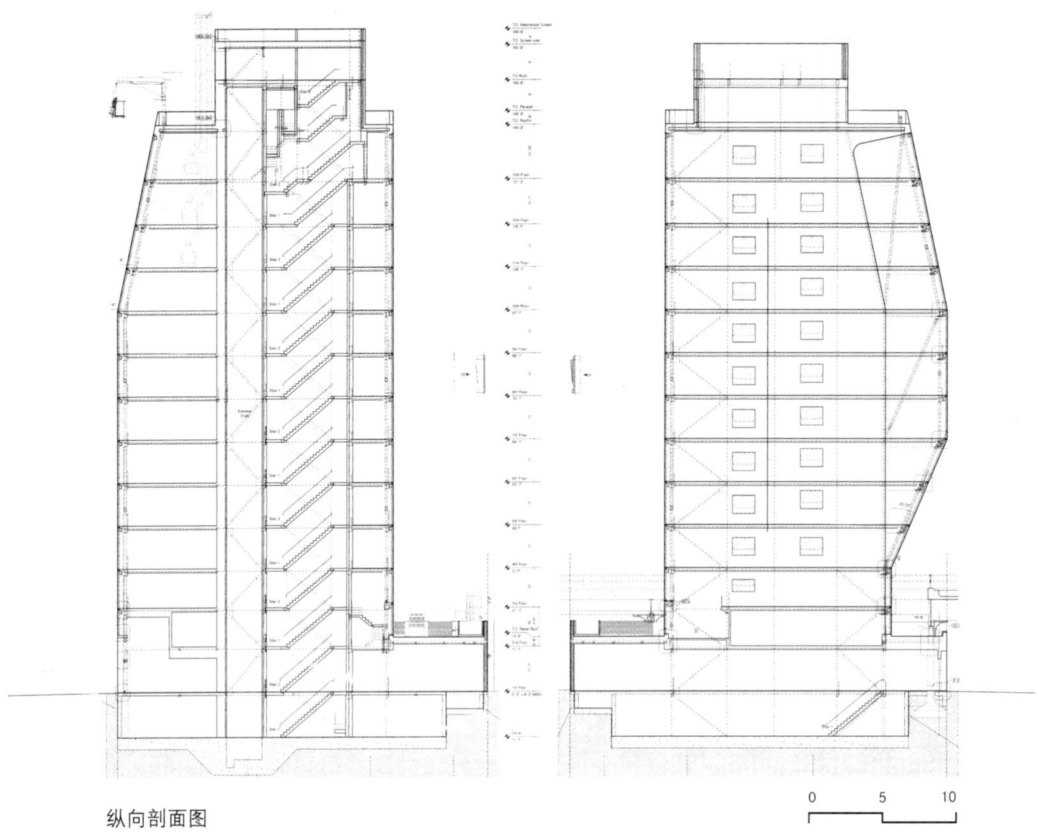

纵向剖面图

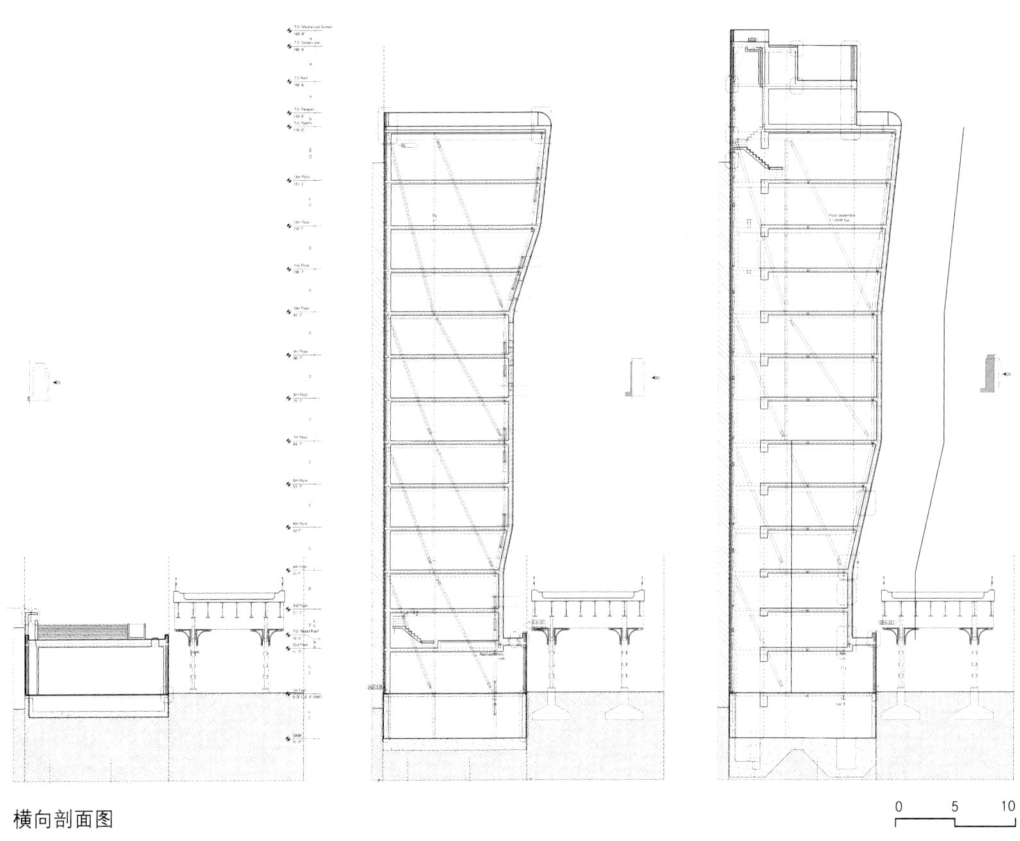

横向剖面图

NMDA

12615 Washington Blvd
Los Angeles，CA90066, USA
P. +1 310 390 30 33
F. +1 310 390 98 10
info@nmda-inc.com
www.nmda-inc.com

近年的多层住宅作品

HL23，纽约，2009 年

代代木公园住宅

代代木公园是东京的绿肺之一，这座8层的住宅建筑就紧邻代代木公园。建筑师安井秀夫(Yasui Hideo)的指导思想是充分利用这一城市绿洲，他的任务是在宽6.7米、长15.86米的狭长用地上妥善安排14套住宅。

建筑物的中心部位布置电梯和自动扶梯等交通空间，以便于所有公寓都能够欣赏公园的景色。底层，相当于门厅，是一个开敞的小庭院，通往楼梯间和自行车停放处。标准层包含两套公寓，公共服务区位于两套公寓之间的位置。围绕着服务区是厨房和浴室，起居室和卧室分别布置在公寓的端部，它们都有一个小阳台，用金属板与室外分隔开。

由于这种构成方式，起居室能够与其他作办公使用的空间相分隔。因为面积有限，厨房沿着走廊布置，并且可以透过支柱和两个中心开口接收充足的自然光。底层的四角都有大玻璃窗，使起居室和卧室可以充分享受外部景观。而且，明确的矩形平面以及东、西立面的开敞，保证建筑物在东京炎热的夏天里有最佳的通风效果。

建筑师：

安井秀夫工作室

用地面积：

112平方米

建筑面积：

676平方米

公寓数量：

14套

完成时间：

2006年

项目内容：

私人住宅

主要材料：

钢筋混凝土，不锈钢，玻璃

东京，日本

城市面积：621.16平方公里

人口数量：1279万人

人口密度：2059人/平方公里

照片来自

Nacása合作事务所

基地面积较小，位于日本东京市的商业中心区，建筑物形状狭长的原因是代代木公园。8层的建筑共容纳有30位居民。

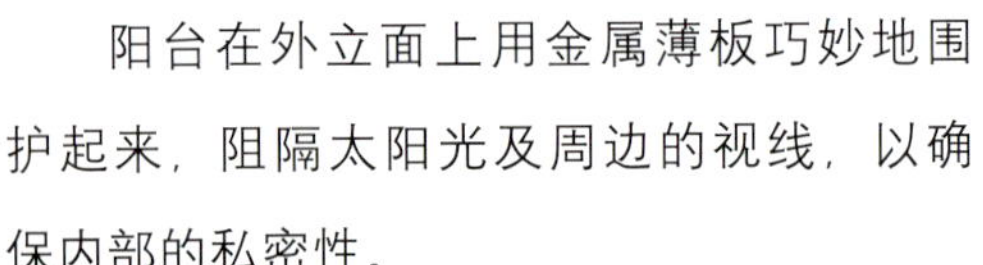

阳台在外立面上用金属薄板巧妙地围护起来，阻隔太阳光及周边的视线，以确保内部的私密性。

位置图

位置平面图

立面图

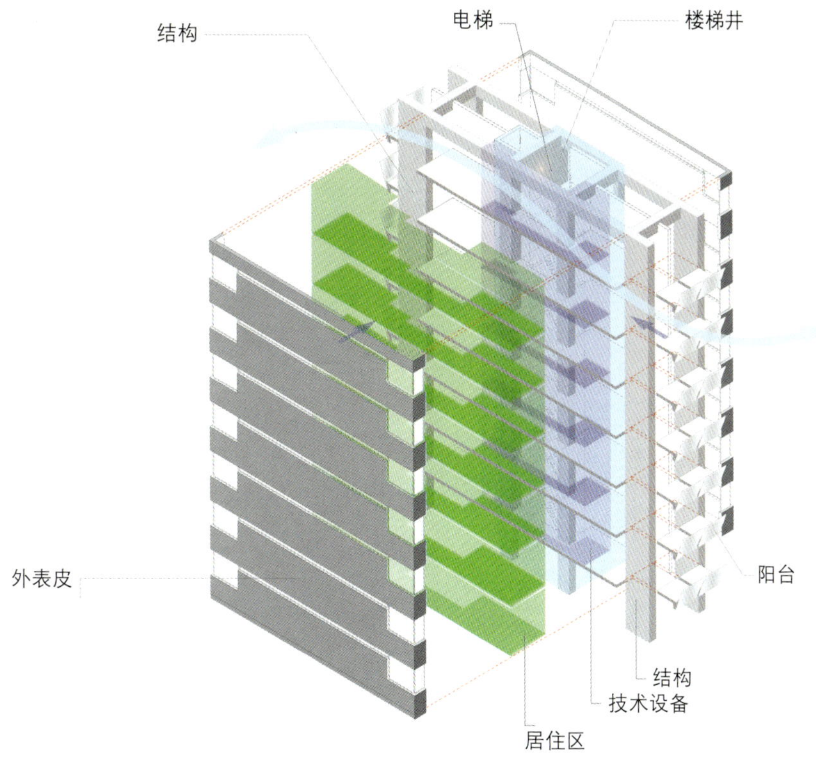

建筑组成图

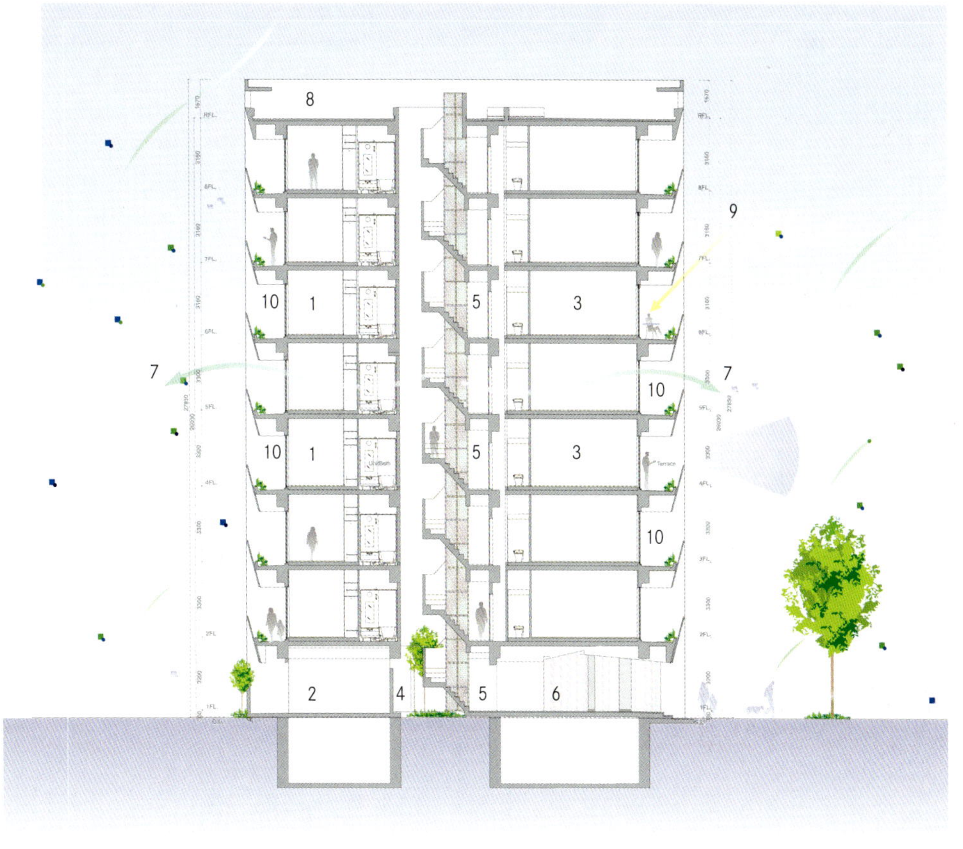

1. 卧室
2. 自行车棚
3. 起居室/餐厅
4. 内庭
5. 楼梯井
6. 入口
7. 横向通风
8. 屋顶平台
9. 自然光
10. 平台

生态系统剖面图

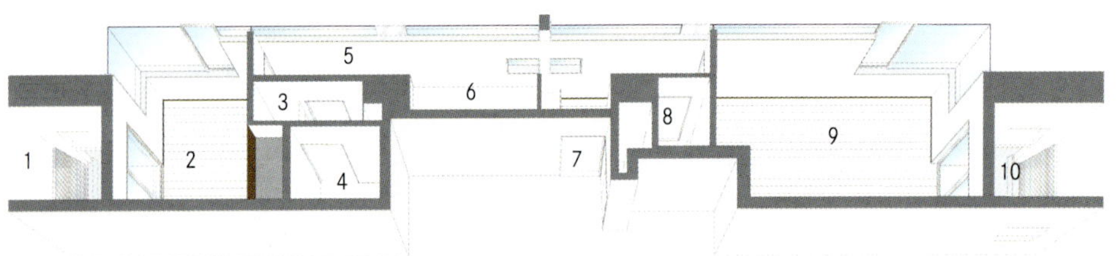

跃层剖面图1

1. 阳台
2. 卧室
3. 洗衣房
4. 浴室
5. 走廊
6. 厨房
7. 门厅
8. 卫生间
9. 起居室、餐厅
10. 露天平台

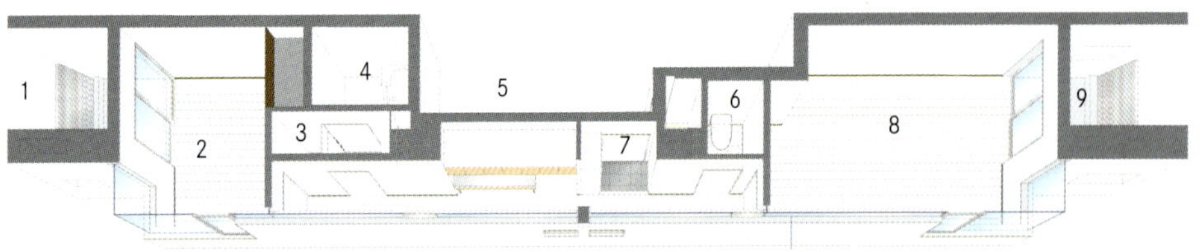
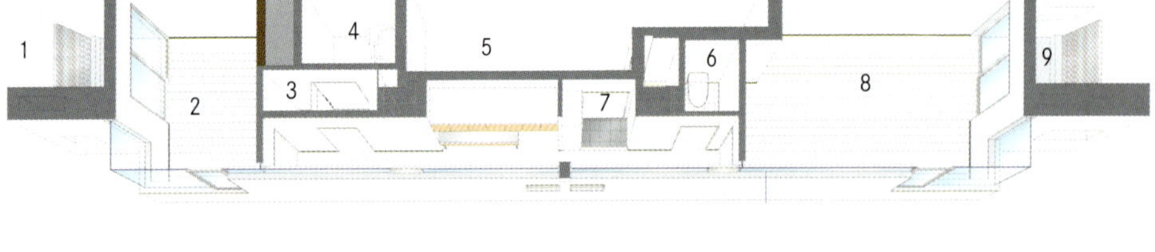

跃层剖面图2

1. 阳台
2. 卧室
3. 洗衣房
4. 浴室
5. 厨房
6. 卫生间
7. 门厅
8. 起居室、餐厅
9. 露天平台

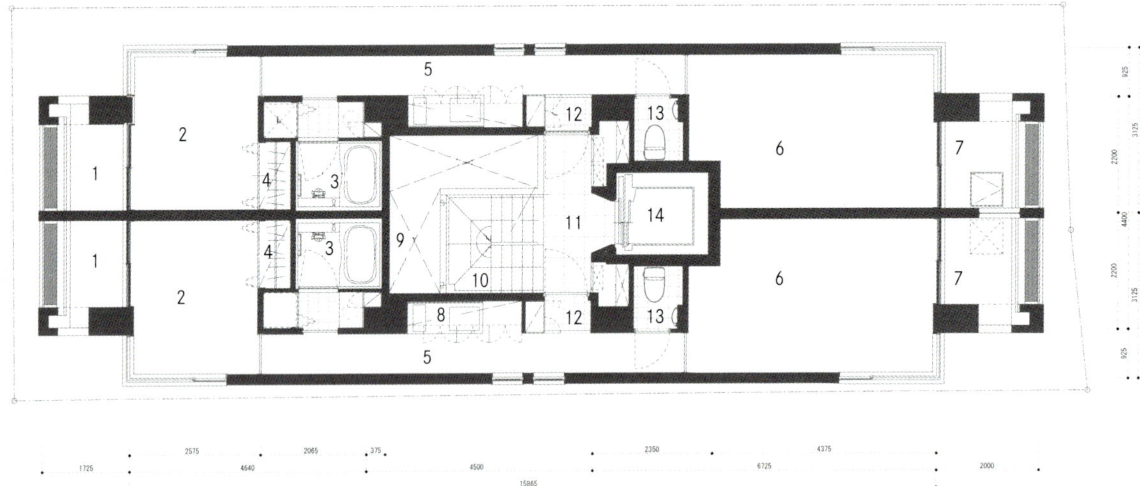

八层平面图

1. 阳台
2. 卧室
3. 浴室
4. 衣帽间
5. 走廊
6. 起居室、餐厅
7. 门厅
8. 厨房
9. 内院上空
10. 楼梯
11. 大厅
12. 门厅
13. 卫生间
14. 电梯

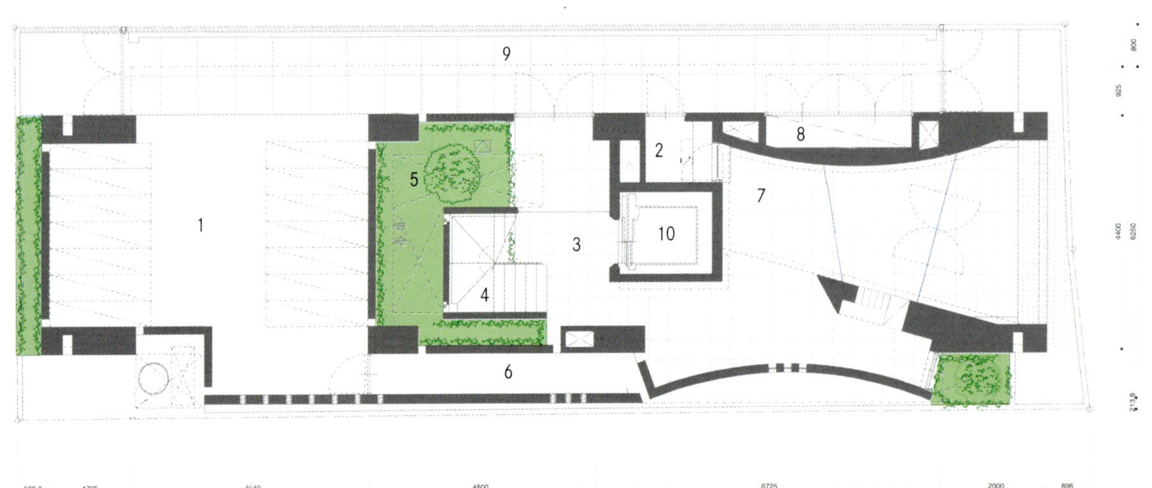

底层平面图

1. 自行车停车场
2. 办公室
3. 大厅2
4. 楼梯井
5. 内院
6. 设备用房
7. 大厅1
8. 垃圾箱
9. 外部走廊
10. 电梯

空气从建筑物的正立面还有背立面流入，这使大部分房间都有良好的空气对流。

房间内也拥有充足的自然光线。起居室位于建筑的正立面位置，从其余作办公使用的室内空间中分隔出来。

ササ美容室
467-8026
あすなろ教場進学予備校

这一项目的总投资接近240万美元。住宅公寓的主体结构部分使用钢筋混凝土材料。

安井秀夫工作室

24-3-27 Shibuya Shibuya-ku
150-0002, Tokyo, Japan
P. +813 3498 5633
F. +813 5466 7621
yasuia@ blue.ocn.ne.jp
www.yasui-atr.com

近年的多层住宅作品

代代木公园住宅，东京，2006年
出售的设计者住宅2号，Otaku，东京，2006年
Higashiomiya公寓住宅，崎玉县，2006年
出售的设计者住宅，Nakano-ku，东京，2003年

LAZY街公寓

坐落于巴塞罗那的萨瓦德尔(Sabadell)附近的公寓建筑，是由西班牙GCA建筑事务所设计的。矩形的建筑平面由16套住宅组成，外立面用大量线形的石材和木材进行装饰。这个3层的建筑是由两个体块构成的，通过一个作为交流区域的室内天井连接起来。整个建筑表现出线性的、有节制的特征。

这座建筑有三个立面，两个面向街道的立面使用石头和木材，另一个立面由于朝向内院，使用玻璃作为表面，室内的平面格局用木板条和铝材划分。共有12套复式公寓和4套标准公寓，去往每套公寓都要经过那个天井式的室内庭院。立面的主要用材是石头，配上推拉木百叶窗和铝合金框架，颜色较深的框架区分开了各套公寓。

通向各公寓的内廊有彩色装饰墙，间接照明、地灯和天窗散发出柔和的漫射光线，在这个公共区域内创造了舒适的环境。公寓的室内使用深色的木地板，起主导作用的白色表面和透明玻璃划分了各区域，并不影响光线的进入。开敞的空间合并了起居室和厨房，并将卫生间从卧室中分离出来。顶层公寓享有自己的室外平台，而底层则可以使用公共花园。

建筑师：

GCA建筑师事务所

建筑面积：

707平方米

公寓数量：

16套

完成时间：

2004年

项目内容：

公用界墙之间的公寓住宅

主要材料：

玄武岩石材，银叶树木材，玻璃，铝

萨瓦德尔，西班牙

城市面积：37.87平方公里

人口数量：20.4万

人口密度：5371人/平方公里

照片来自

Jordi Miralles

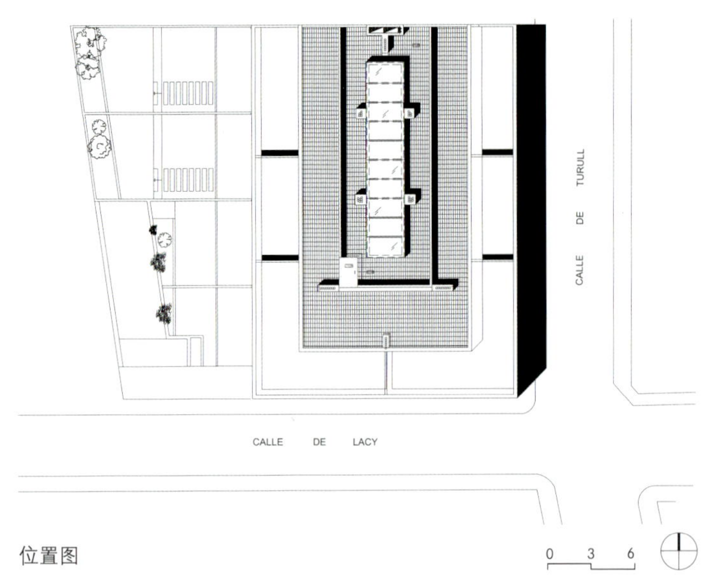

位置图

覆盖建筑物外立面的材料因区域不同而变化，正立面主要用玄武岩石材，背立面使用银叶树推拉木百叶窗。

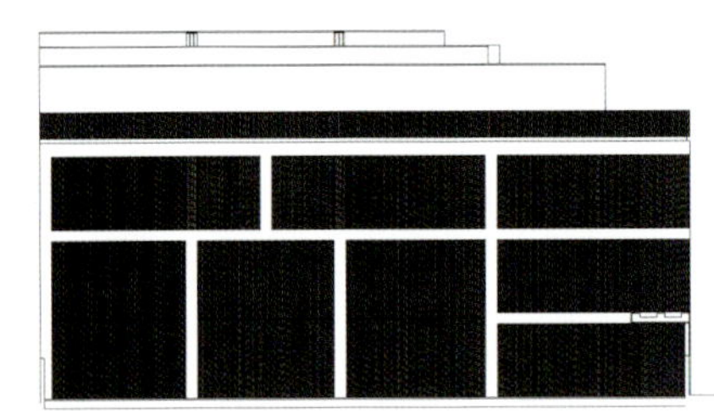

百叶窗关闭时的背立面图

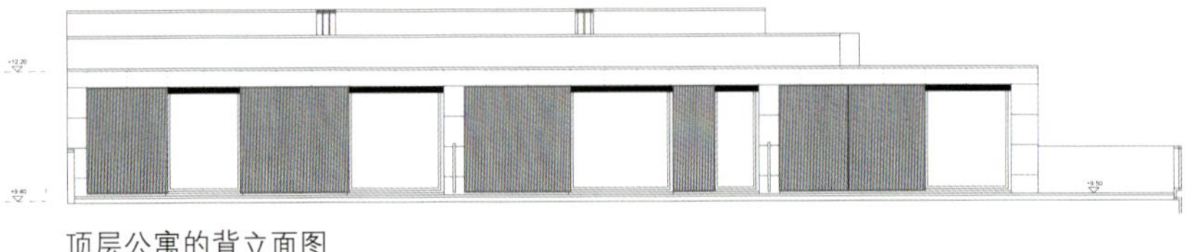

顶层公寓的背立面图

建筑背立面的尺度和格局使后花园同其他部分相比显得更加有居家气氛。

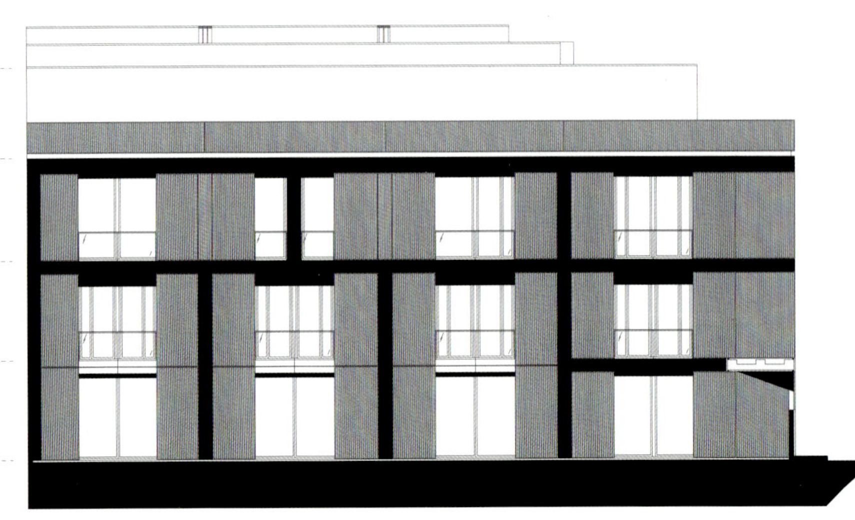

背立面图

0 2 4

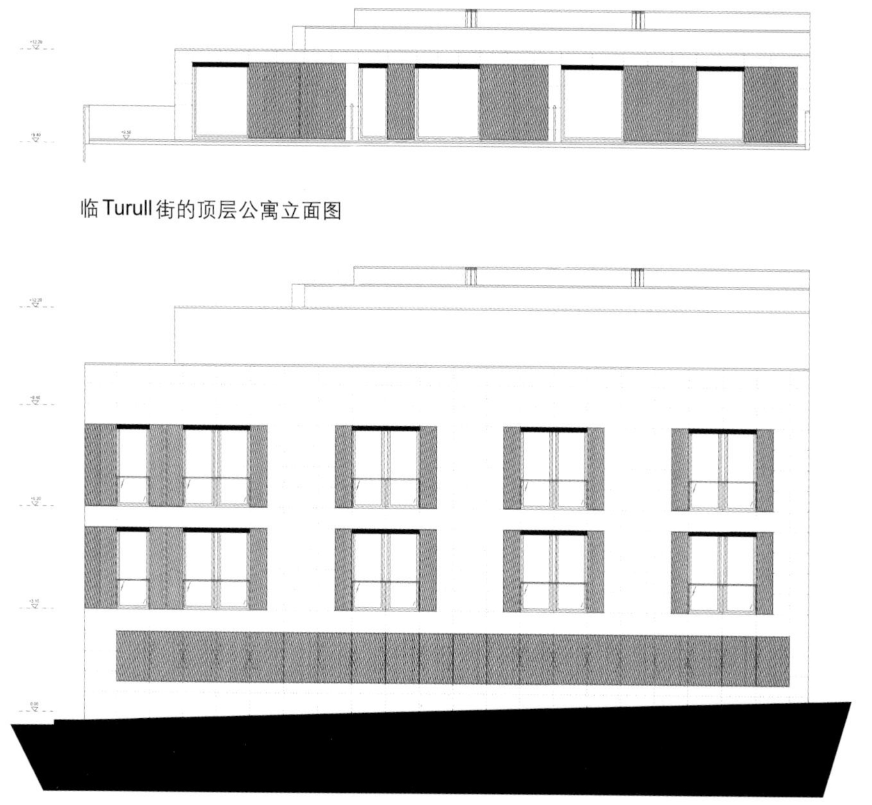

临Turull街的顶层公寓立面图

临Turull街的立面图

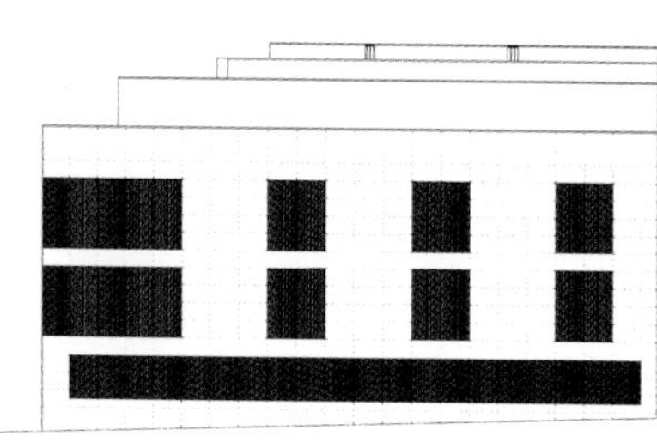

百叶窗关闭时的临Turull街立面图

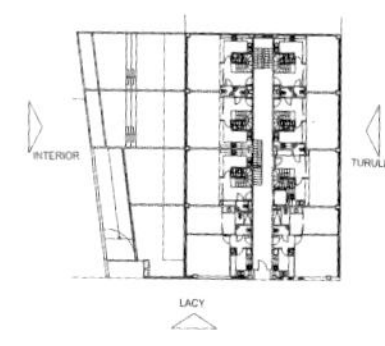

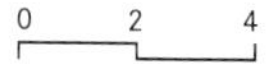

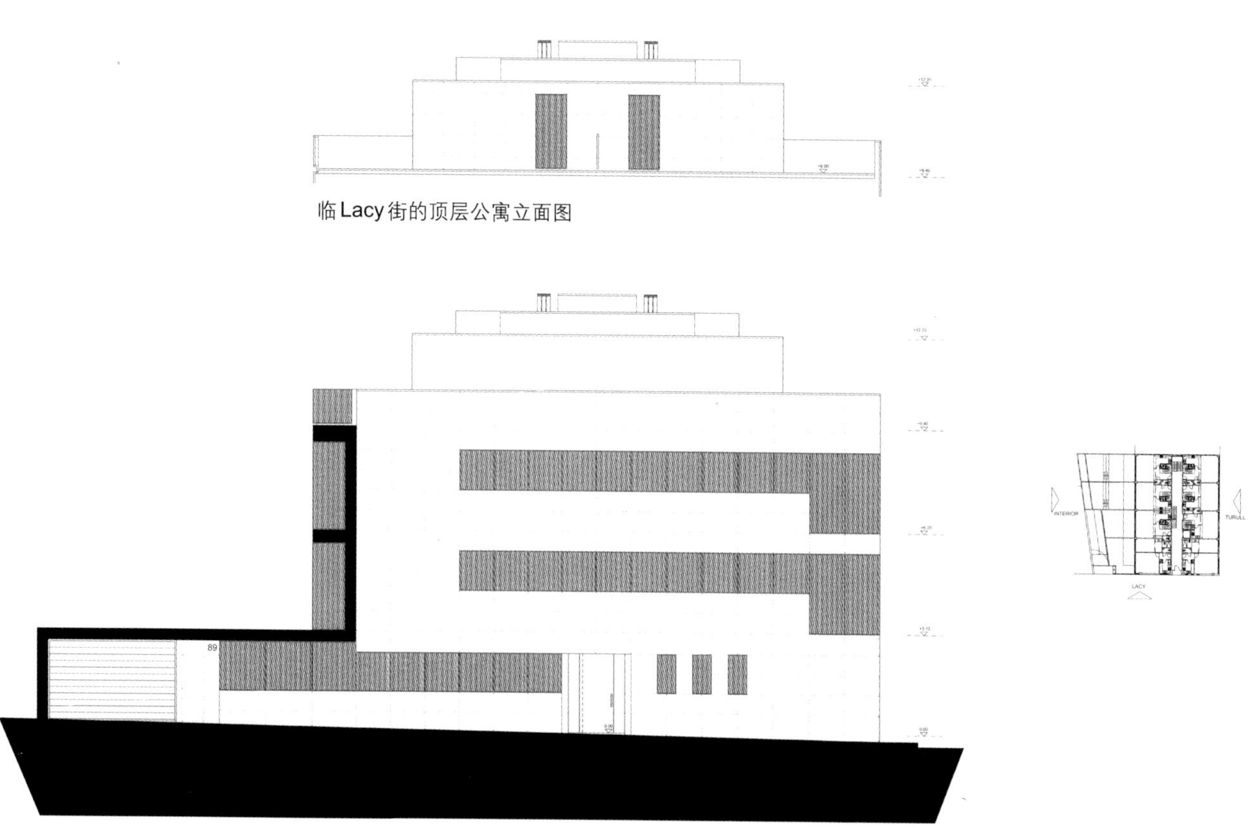

临Lacy街的顶层公寓立面图

临Lacy街的立面图

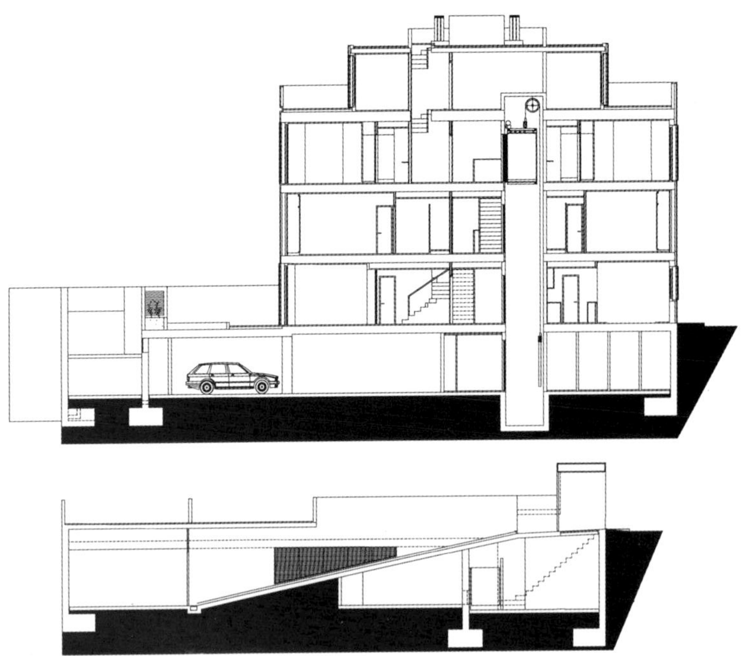

a-a、d-d剖面图

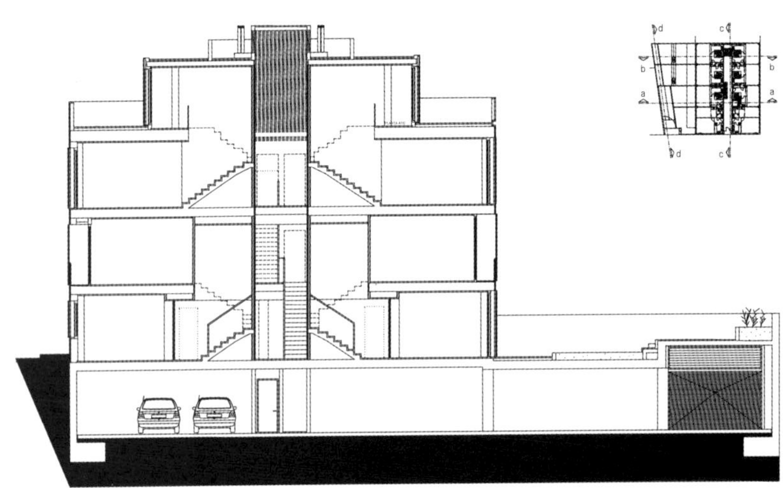

b-b剖面图

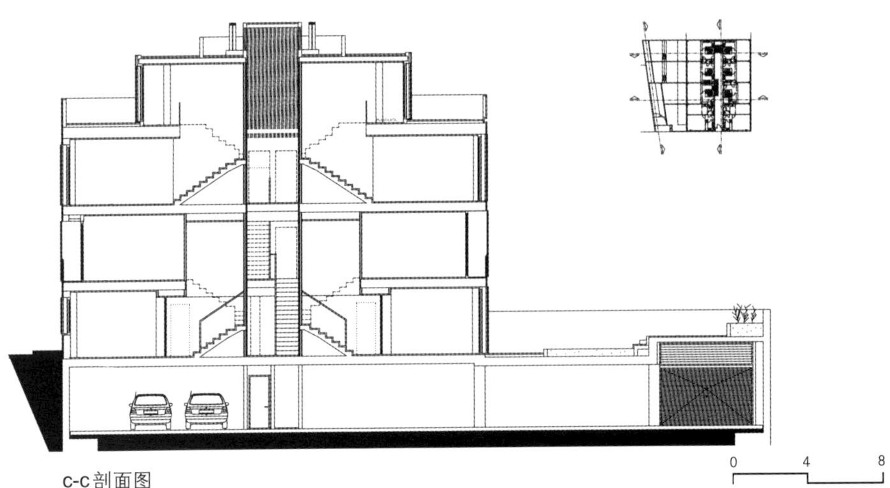

c-c剖面图

室内庭院的布置有天窗，用于交流区域和各单元入口的照明和通风。

室内设计简洁。纯色用来标明服务区域，如厨房和浴室。地板上精巧的嵌入式灯具赋予了室内优雅和现代的特质。

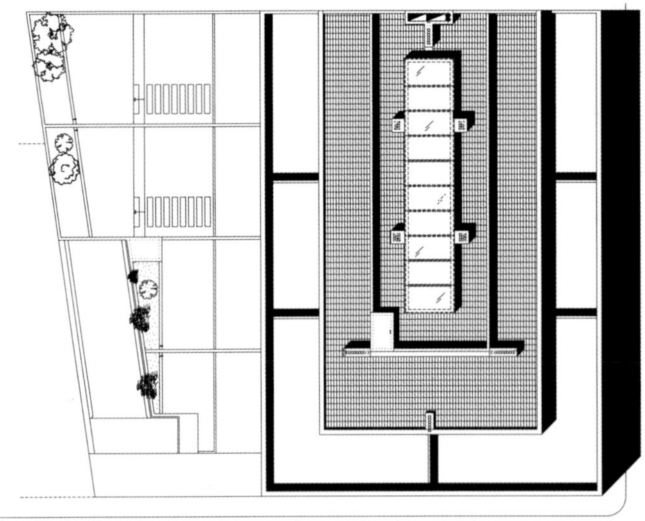

屋顶平面图

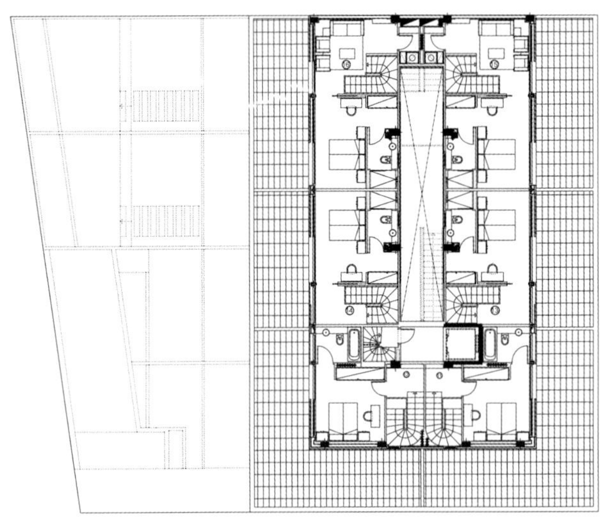

楼顶阁楼层平面图

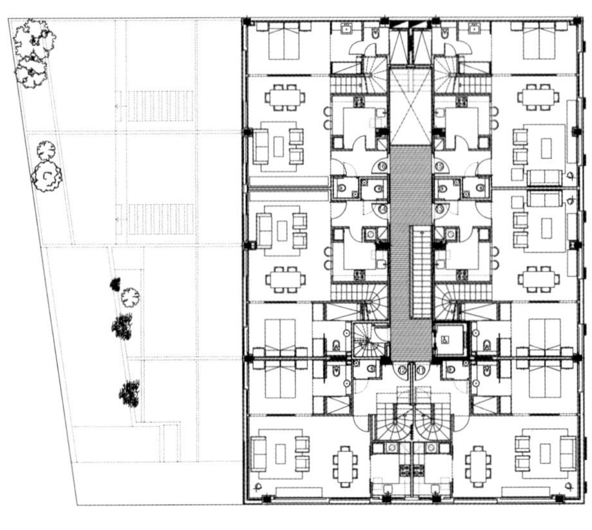

三层平面图

这个建筑物由分布在一个楼层或两个楼层的居住单元组合而成，分为白天的和夜晚的区域。立面上体现出了不同的居住单元，还有室内空间及庭院。

内部庭院是各单元的入口，也是地下停车场的入口，该入口位于楼梯间后部。它正对着一层的建筑入口。

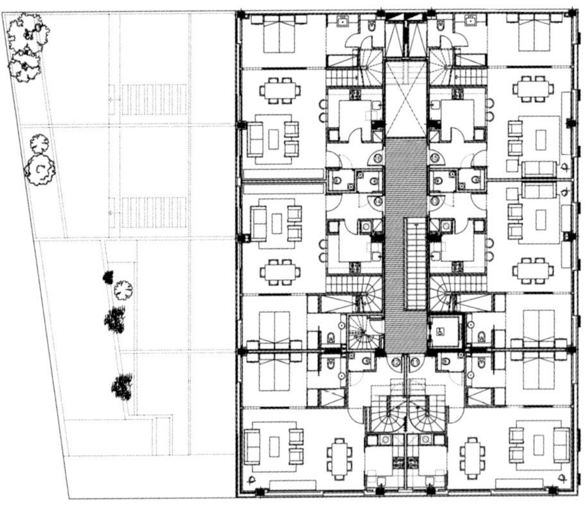

二层平面图

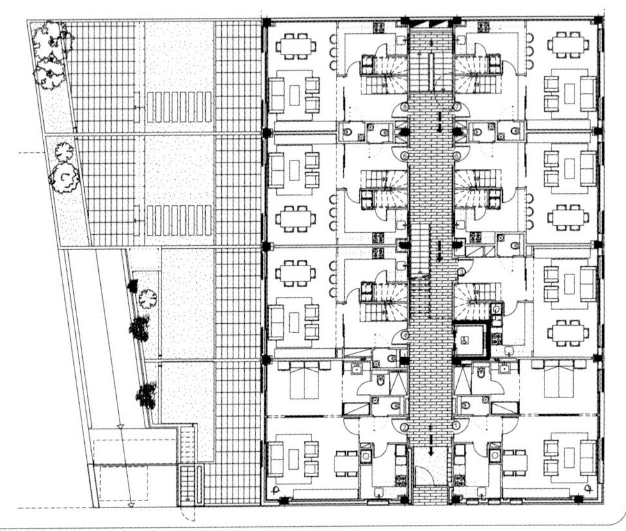

地面层平面图

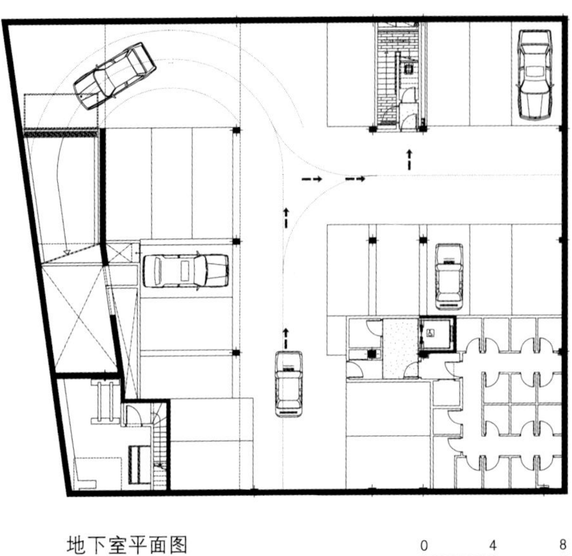

地下室平面图

GCA 建筑师事务所

C/València, 289
08009 Barcelona, Spain
P+ 34 93 476 18 00
F+ 34 93 476 18 09
sca@gcaarq.com
www.gcaarq.com

近年的多层住宅作品

367公寓，Avda，罗马，73-91，巴塞罗那，2008年
60公寓，C/Llull，巴塞罗那，2008年
222公寓，埃尔切，2007年
132公寓，Sant JoanDespi，2005年
72公寓，巴塞罗那，2004年
66公寓，Parets del Valles，2004年
96公寓，C/Ripoll/Bonavista，萨瓦德尔，2003年
31公寓，Via Augusta，337，巴塞罗那，2003年
81公寓，Ametlla de Mar，2003年

名古屋公寓

这座建筑位于日本名古屋一个古树环绕的传统寺庙之前。建设基地形状狭长，建筑师在用地范围内设计了17套公寓和2个零售单元。建筑师要在宽9.15米、长30.5米的用地范围内设计出能够满足日照并具有良好景观视线的舒适空间。

为了使全部公寓都享受到尽可能好的景观，建筑师将楼梯间设计在建筑的中心位置。这样位于建筑正面的公寓就能观赏寺庙，而位于背立面的公寓则能看到名古屋的市区风光。钢质楼梯和毗邻的柱子组成结构骨架，如果发生地震，则对建筑物起到保护作用。整个结构体系的设计将柱与墙结合，以形成自由的空间。同时使用可拆卸的预制混凝土板制作屋顶和地面，这就使得标准公寓易于改建成复式公寓或是添加另外的隔墙。每一套公寓使用不同的色彩组合，所以17套公寓各不相同。

百叶条板构成了外立面，位于立面上不同水平位置的百叶条板通过某些点连接起来，使立面显得像是由延续不断的薄片构成而不只是一系列水平阳台。百叶条板刷成两种不同色调的珍珠白色，安装在不同的角度，以多变的色调和亮度反射光线，产生富有动感的、持续变化的外观效果。

建筑师：

克莱因・戴瑟姆建筑事务所

用地面积：

281.6平方米

建筑面积：

181.4平方米

公寓数量：

17套

完成时间：

2004年

项目内容：

住宅+零售商业

主要材料：

水泥面板，

铝和不锈钢窗框，不锈钢扁条，

可长草的搭扣砖（室外）；

木地板，LGS+PB+壁纸和轻质

隔墙，预制混凝土（室内）

名古屋，日本

城市面积：326.44平方公里

人口数量：223.6万

人口密度：6850人/平方公里

照片来自

Katsuhisa Kida

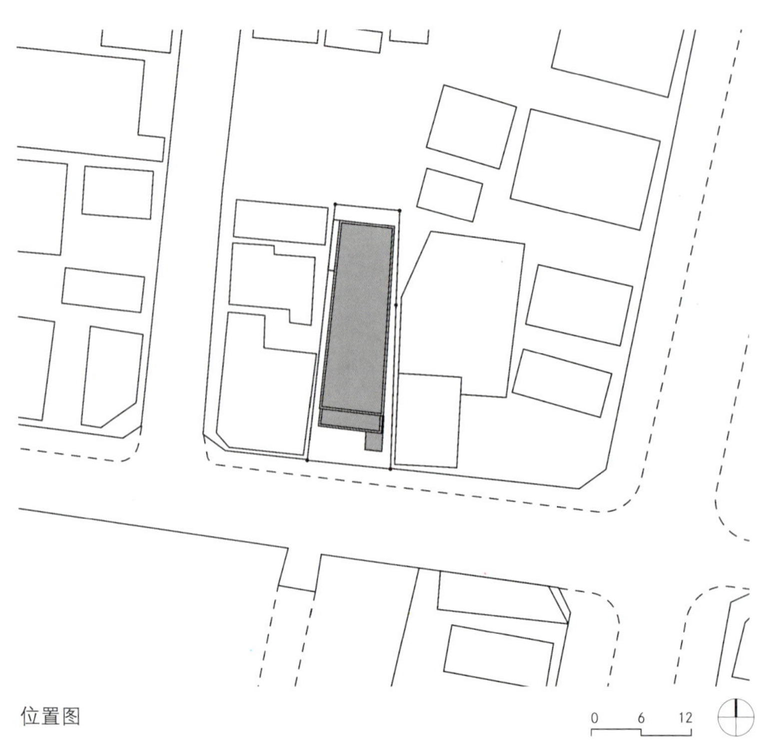

位置图

虽然受到狭长基地的限制，但是建筑师仍创造了自然光线充足、景观宜人的舒适公寓。整个建筑为预制混凝土结构，便于改建成复式公寓。

该建筑共10层，高30.5米。地面层和二层作商业使用。自行车停车场位于三层，有坡道可达。

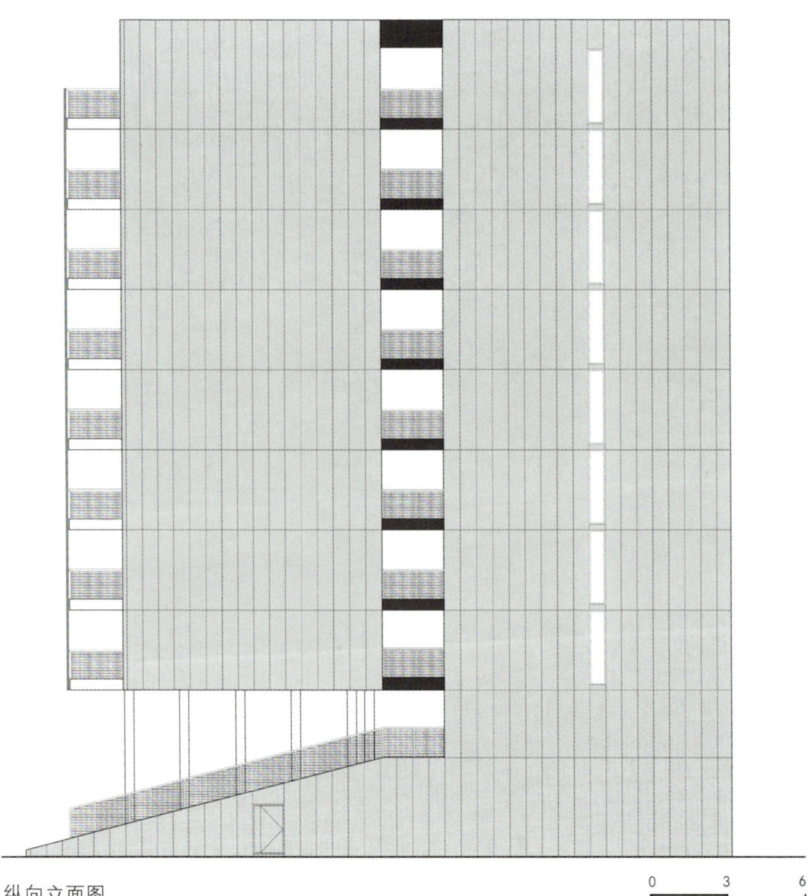

纵向立面图

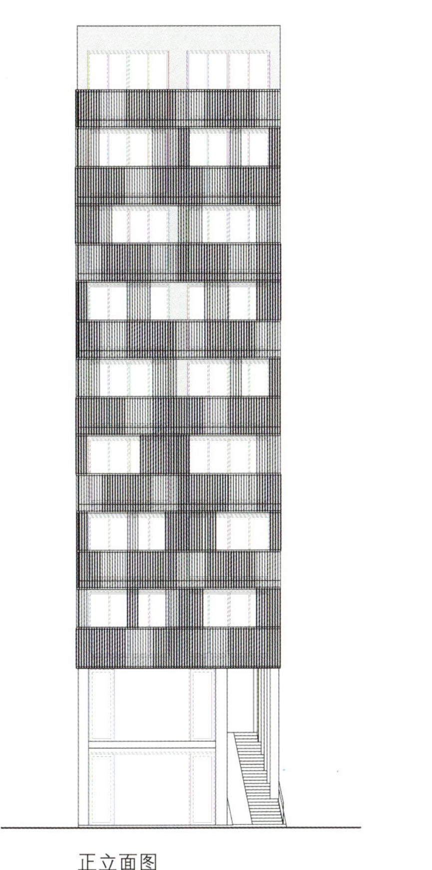

正立面图

横向剖面图

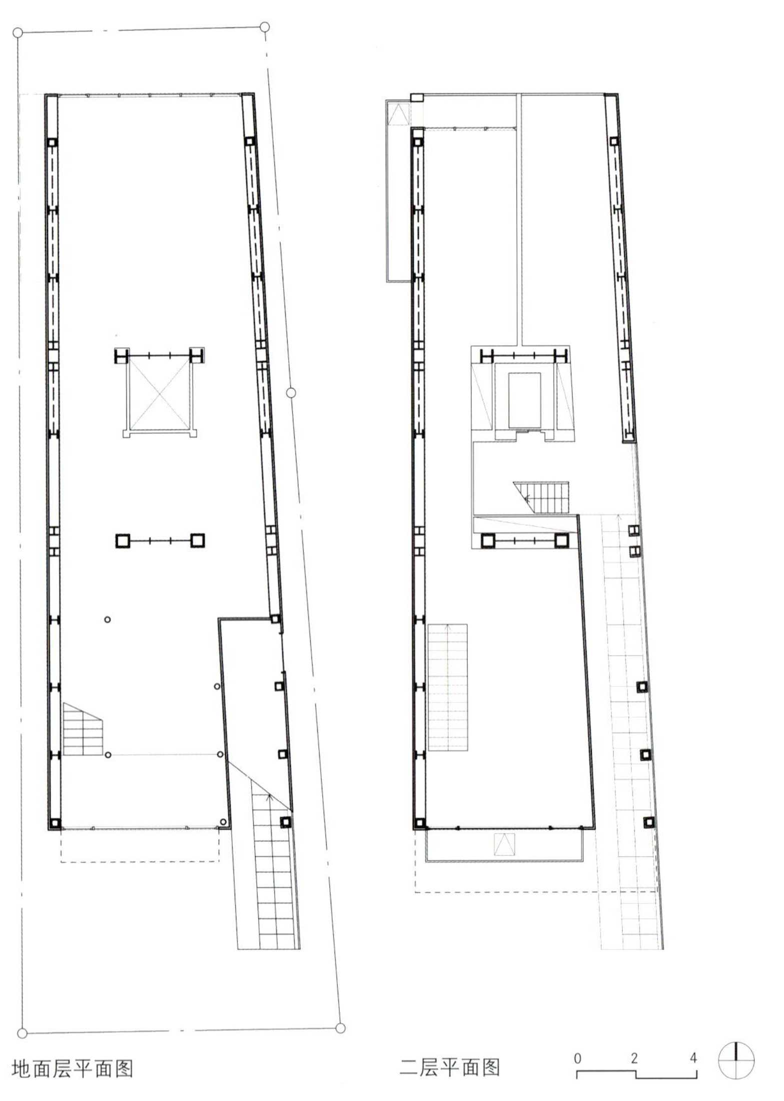

地面层平面图

二层平面图

克莱因·戴瑟姆建筑事务所

AD Bldg 2F，1-15-7Hiroo,Shibuya-ku
Tokyo 150-0012, Japan
P+ 81 3 5795 2277
F+ 81 3 5795 2276
kda@klein-dytham.com
www.klein-dytham.com

近年的多层住宅作品

名古屋公寓，名古屋，2004年

BOSCH I CARDELLACH 街上的公寓

在西班牙萨瓦德尔市中心，呈矩形分布着18栋商住两用的公寓楼。这些公寓楼主要的共同之处是：公共停车场位于地下两层（包括地下一层和地下二层）；地面层为开放的大型商业空间；内部空间区域的划分可根据需要进行调整；住户的私人车库和入口门厅都设置在地面层。

市镇规划条例有关于可建设用地的深度超过18米的建筑物的立面轮廓线的规定，以使其体块内部能有部分开敞空间，这就有可能形成供给各家使用的庭院，庭院既为公寓住户创造了共享空间，也为公寓的部分房间提供采光和通风。

二层有9个单层的公寓单元，上层有9套复式公寓，可经过室外走廊和三座跨越庭院的轻型步行桥进入。整座建筑包含有各种不同的户型，分别有一个、两个或三个卧室的户型布置在一个楼层或两个楼层中。

建筑外立面按照遗产保护法规设计一系列垂直的墙面和空置的空间，长度分别为30米和40米，就如石质表面所显示的那样。从两个阳台在竖向空置空间的连接处开始、经由一系列对比的空间，一种伴随着运动和活力的韵律感被创造出来，使得建筑在两层内最大可能实现了户型的多样化。

公寓的底层以连续的条带分解开，而由石质的表面实现了立面上的统一。这一条带作为公寓的基调是暗色的，由金属和玻璃组成。

建筑师：

GCA建筑师事务所

建筑面积：

1129平方米

公寓数量：

18套

完成时间：

2005年

项目内容：

私人住宅，私人/公共停车设施，零售商业

主要材料：

石材面层，抛光；

钢框架，镜面不锈钢薄片

萨瓦德尔，西班牙

城市面积：37.87平方公里

人口数量：20.4万

人口密度：5371人/平方公里

照片来自

Jordi Miralles

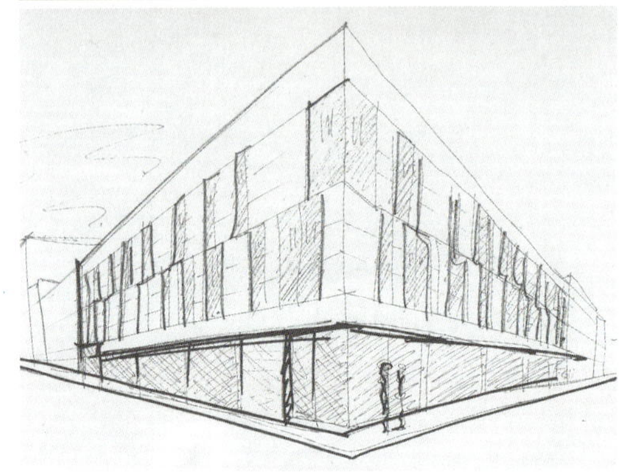

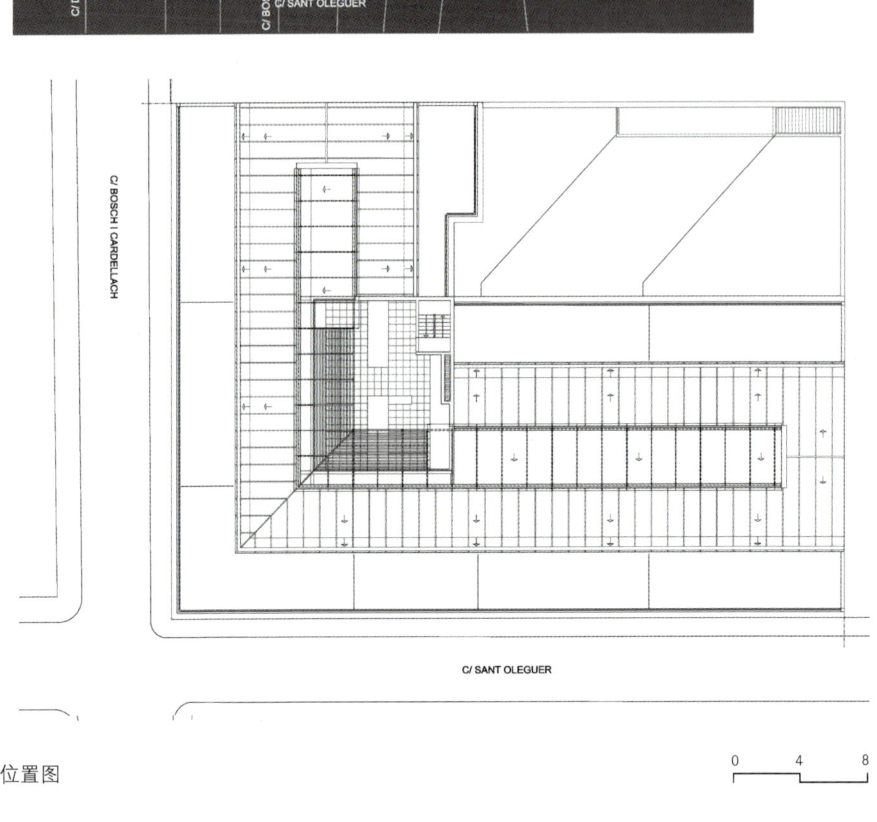

位置图

此项目位于萨瓦德尔市的Eixample行政区内。萨瓦德尔位于巴塞罗那都市区，距离加泰罗尼亚首府约31公里。项目用地为紧邻两条街道的矩形区域。

转角处理成两个立面之间的连续性的组成要素。但是突出顶部空间的连续性能够在不破坏外表面的概念的同时起到强调作用。

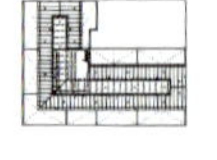

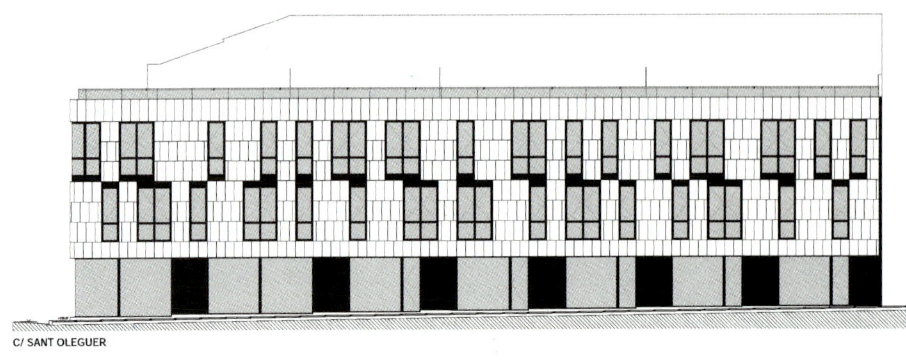

外立面图

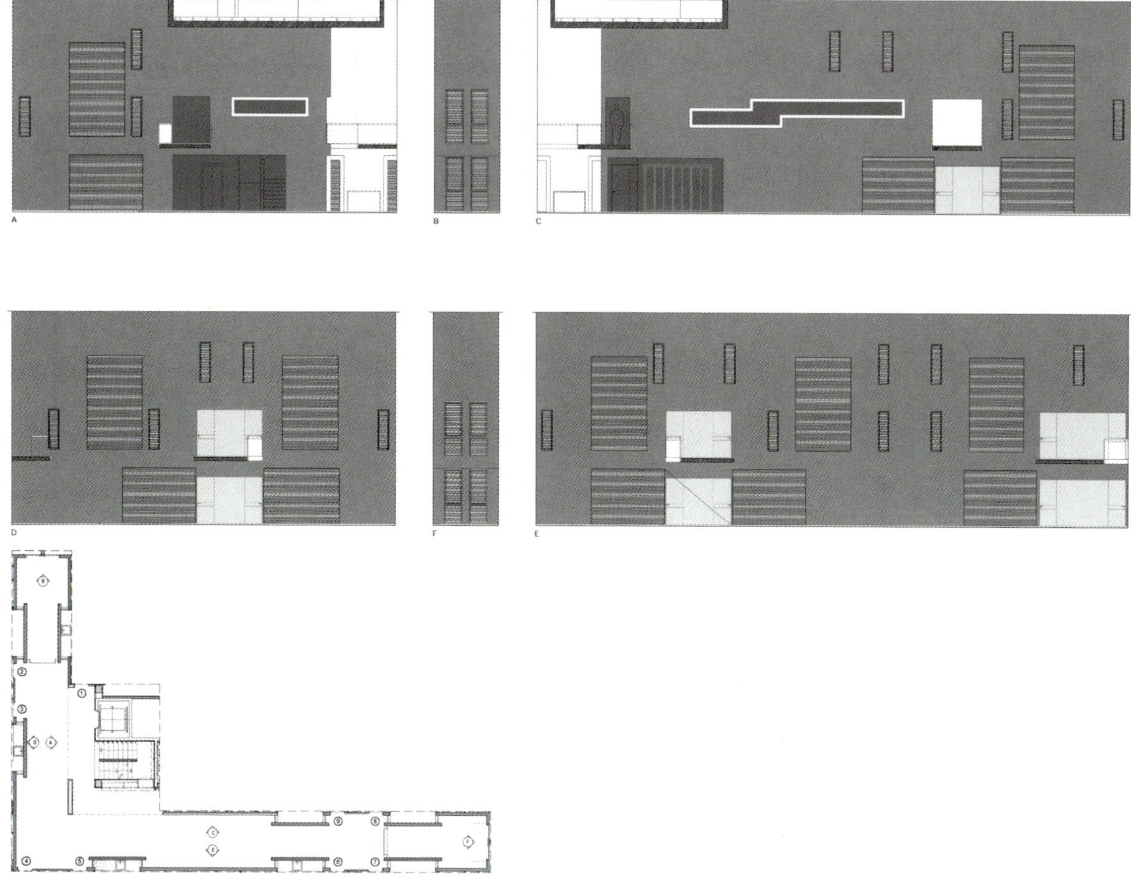

立面图和内部庭院平面图

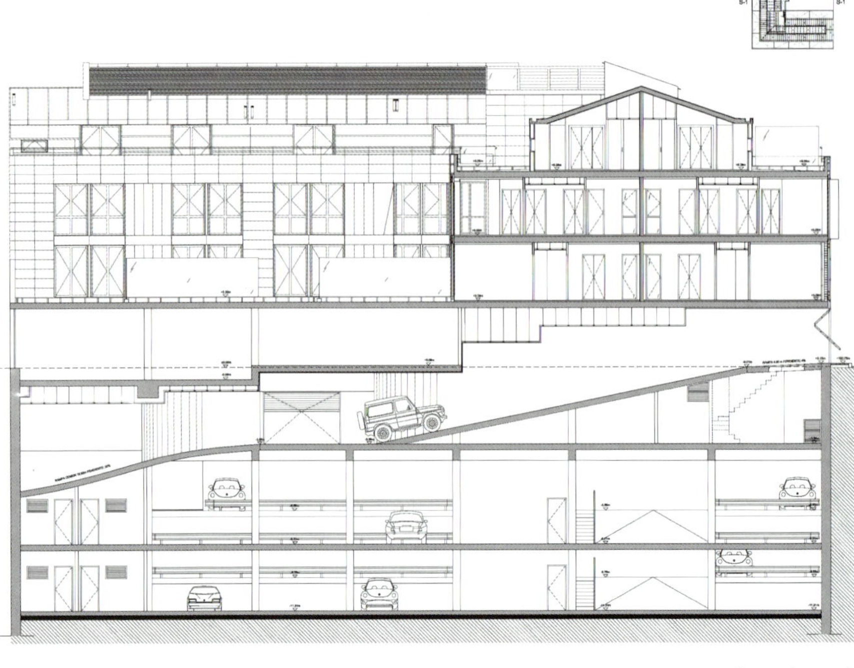

剖面图1

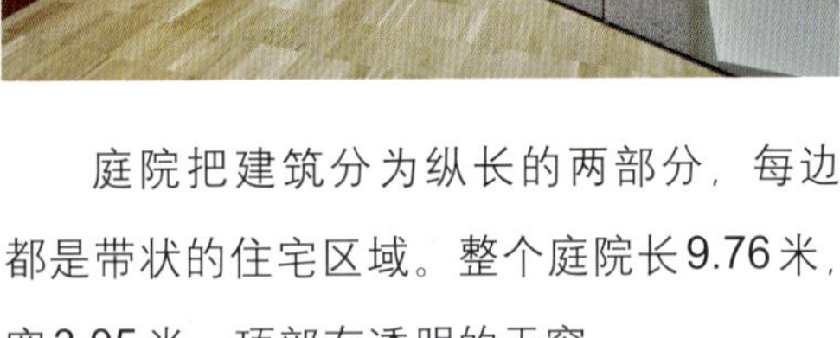

庭院把建筑分为纵长的两部分，每边都是带状的住宅区域。整个庭院长9.76米，宽3.05米，顶部有透明的天窗。

在庭院里你可以欣赏到包含不同公寓的体块，创造出一种建筑体量与光影交错的动感。在斑驳光影的映衬下，庭院空间更显朦胧。

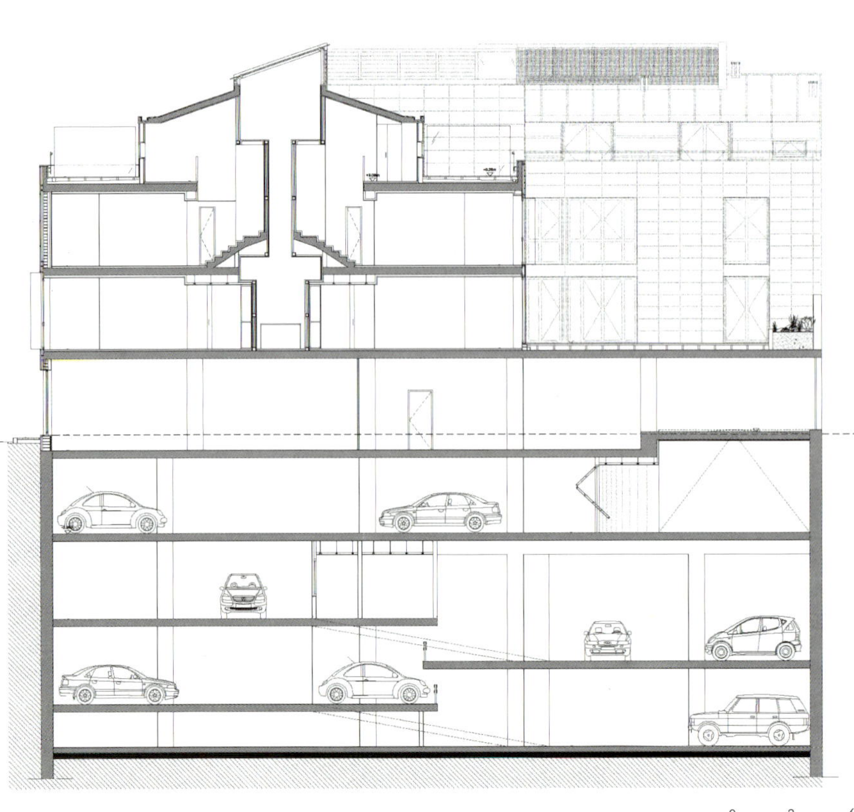

剖面图2

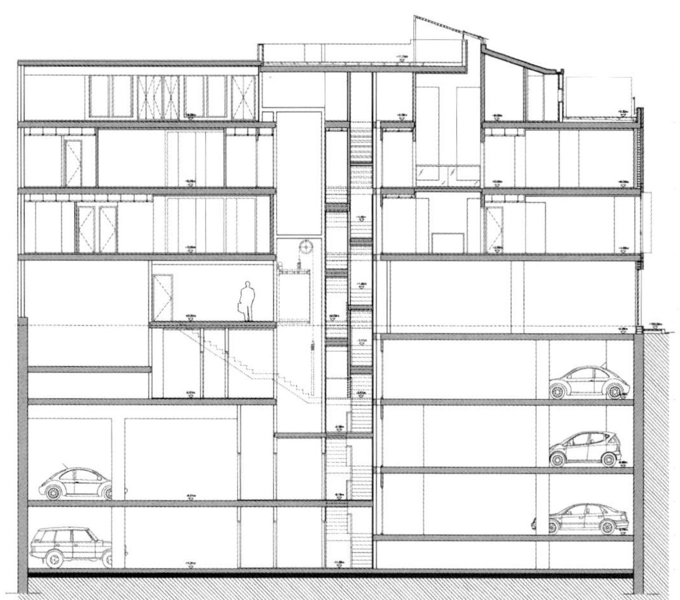

主楼梯剖面图

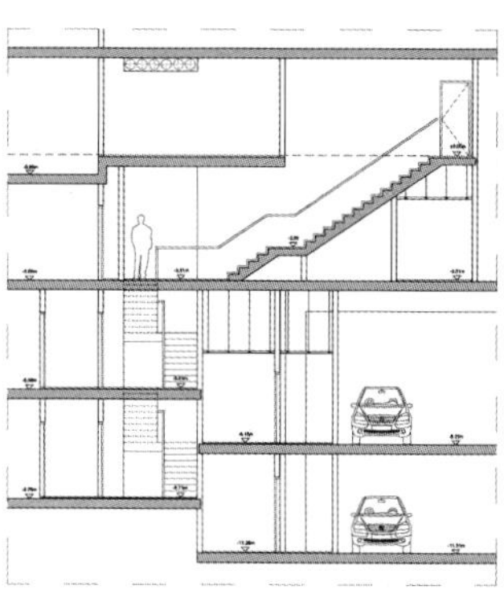

剖面图A-A

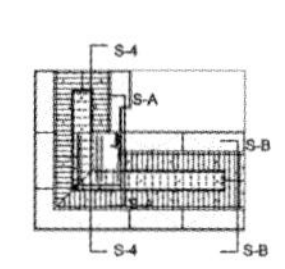

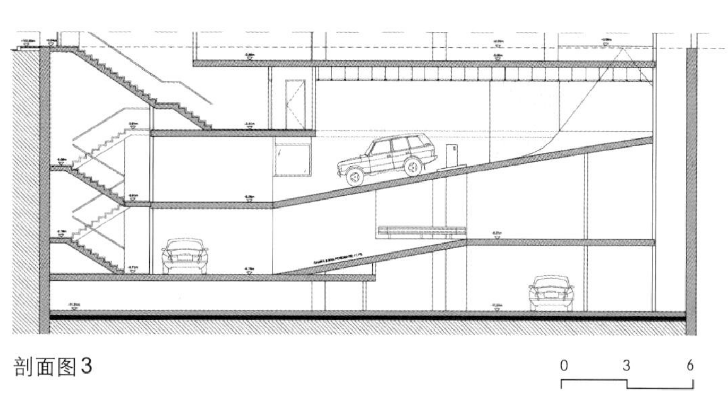

剖面图3

0 3 6

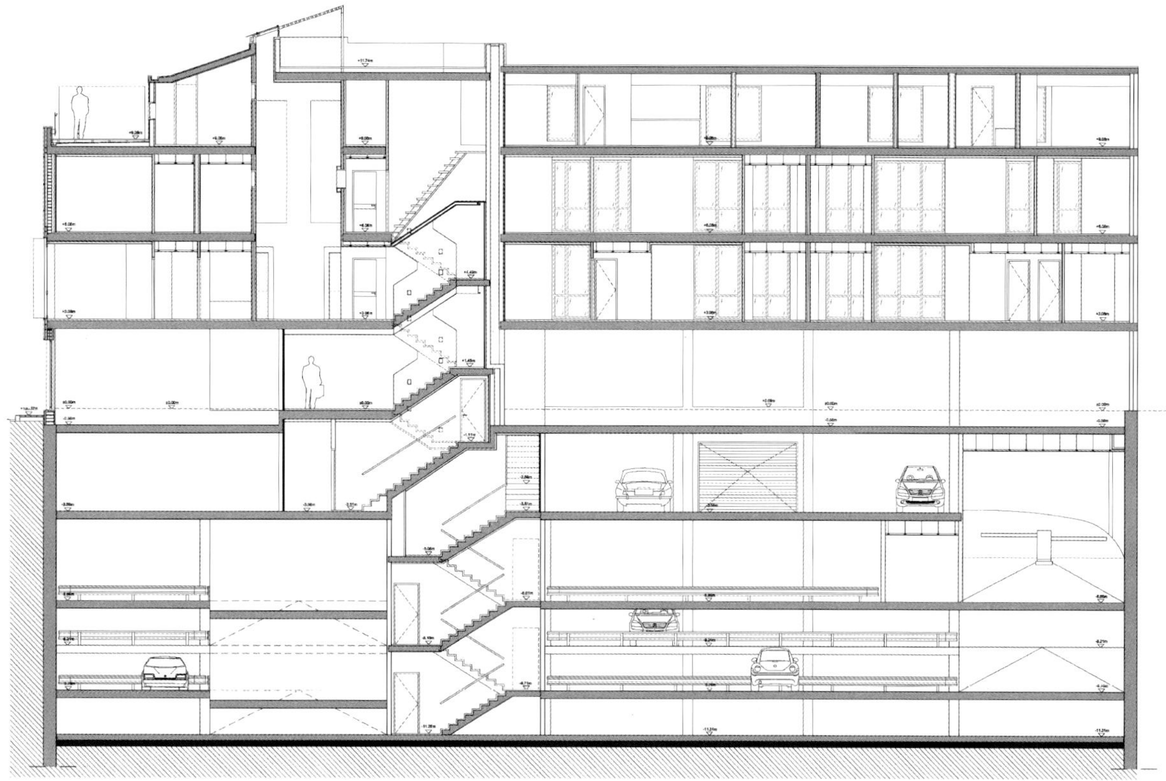

剖面图4

0 2 4

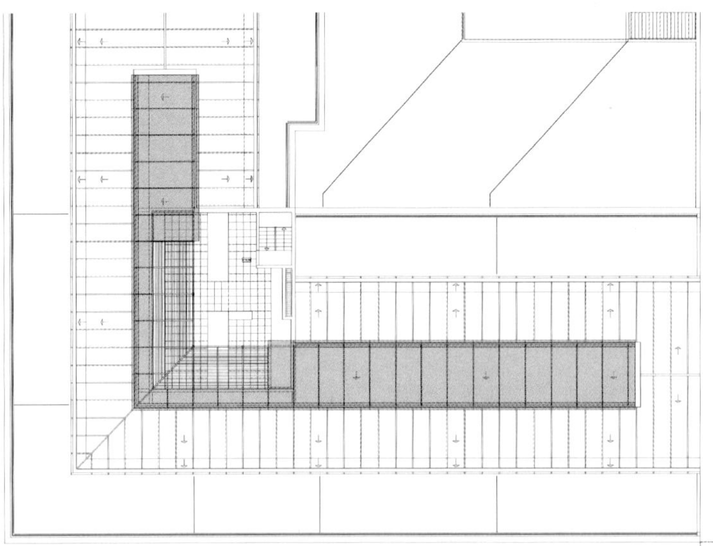

屋顶平面图

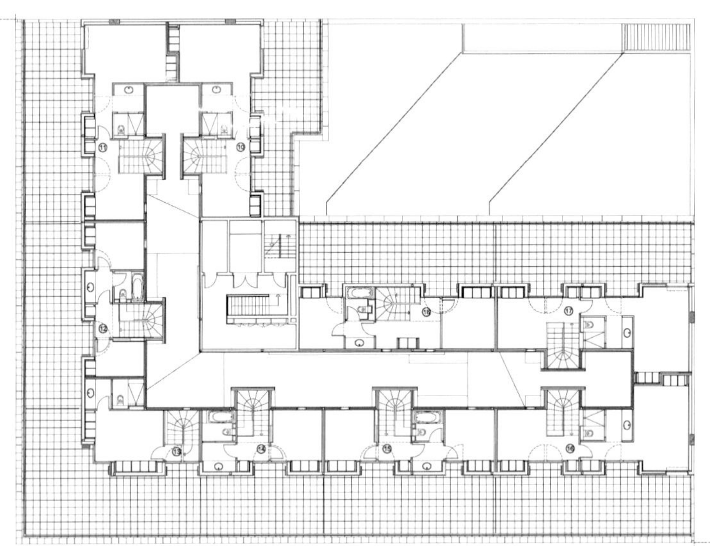

屋顶以下平面图

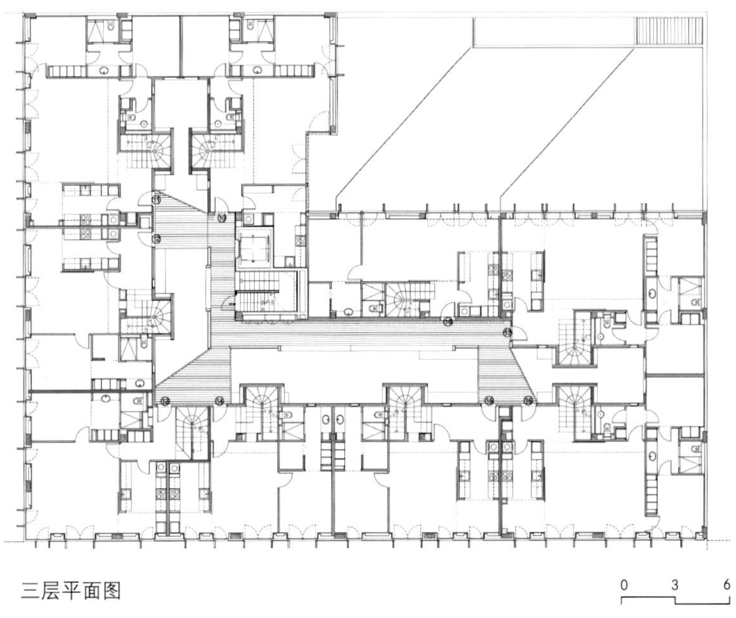

三层平面图

公寓的特点是装饰优雅。屋内地板是拼花木地板，厨房和浴室的外表面使用胶合板，墙面则是白色粉刷。

三层是封闭的，依照城市分区条例设计了中心处的坡道，与庭院反射的、几何形的天窗结合为一体。

二层平面图

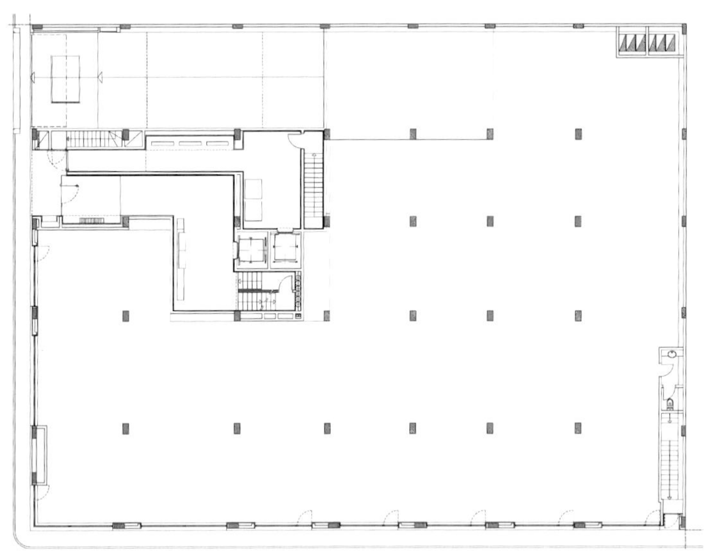

地面层平面图

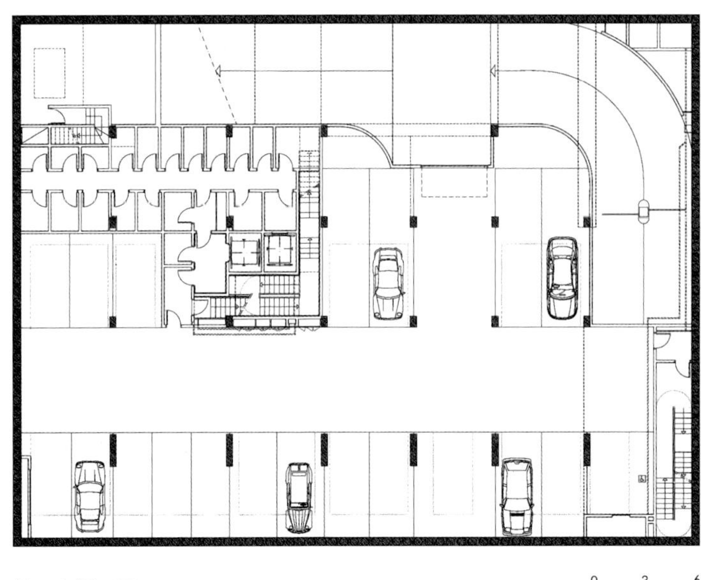

地下室平面图

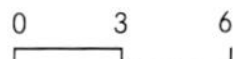

整个项目的工程预算为340万美元。全部建设用地为6500平方米，包括公共停车场和私人停车场、商业建筑和住宅。

GCA建筑师事务所

C/València，289
08009 Barcelona,Spain
P+ 34 93 476 18 00
F+ 34 93 476 18 09
sca@gcaarq.com
www.gcaarq.com

近年的多层住宅作品

367公寓，Avda，罗马，73-91，巴塞罗那，2008年
60公寓，C/Llull，巴塞罗那，2008年
222公寓，埃尔切，2007年
132公寓，Sant JoanDespi，2005年
72公寓，巴塞罗那，2004年
66公寓，Parets del Valles，2004年
96公寓，C/Ripoll/Bonavista，萨瓦德尔，2003年
31公寓，Via Augusta，337，巴塞罗那，2003年
81公寓，Ametlla de Mar，2003年

富谷公寓

建筑师冈田悟志（Satashi Okada）认为，东京过去40年的快速发展导致了混乱的城市布局，并无规划可言。富谷（TOMIGAYA）公寓位于井之头（Inogashira）街。这条街为了解决每天密集的交通问题，已经进行多次扩建。但是几乎没有便捷的步行道与这条主干道相连。1~2层的独户房屋密布在周围，使住区的路网更加复杂。富谷公寓两侧的处理是令建筑师两难的问题，主要是如何让这一地区发挥最大的作用，以获得经济效益并保证Inogashira 街区的社区居民拥有良好的生活环境。考虑到建设用地毗邻安静的住宅区和喧闹的林荫道，建筑师的方案尽量做到二者兼顾。为了削弱9层的大楼对人们的视觉阻碍，设计师冈田将18套公寓分布在3座半独立式的塔楼之中，并对三者作了不同的表面、高度和构图处理。同样地，用特种钢布置在建筑的基底部分，符合人体尺度的弧形曲线减少了公寓大楼对人造成的巨大压迫感。两栋公寓建筑与东北方向的建筑综合体相连接，西北方向则为垃圾收纳处和存放自行车预留出空地。

中部的塔楼除了布置电梯和疏散楼梯，还预留有设备间。另两座塔楼设计有7种不同形式的公寓。这些形式的变化集中在八层和九层，三座高塔在这两层处连接为一体，并形成了两套大公寓。

建筑师：

冈田悟志建筑师事务所

用地面积：

339.2平方米

建筑面积：

248.33平方米

公寓数量：

18套

完成时间：

2005年

项目内容：

私人住宅

主要材料

磷酸处理过的亚光镀锌钢片，

特种钢材，不锈钢，

花岗石，大理石，砂岩石材，

地板（樱桃木，桦木，柚木）

沥青屋面（防水）

东京，日本

城市面积：621.16平方公里

人口数量：1279万人

人口密度：2059人/平方公里

照片来自

Naćasa 合作事务所

主要的入口空间位于东北位置上的建筑底层，从正立面上看，由于分层特点和水平面上的层叠而显得很突出。

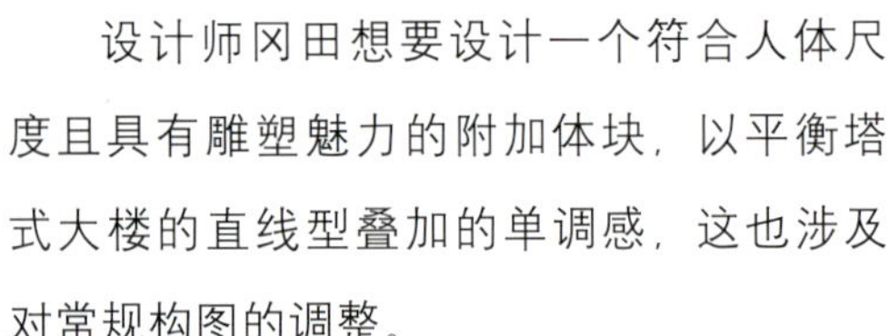

设计师冈田想要设计一个符合人体尺度且具有雕塑魅力的附加体块，以平衡塔式大楼的直线型叠加的单调感，这也涉及对常规构图的调整。

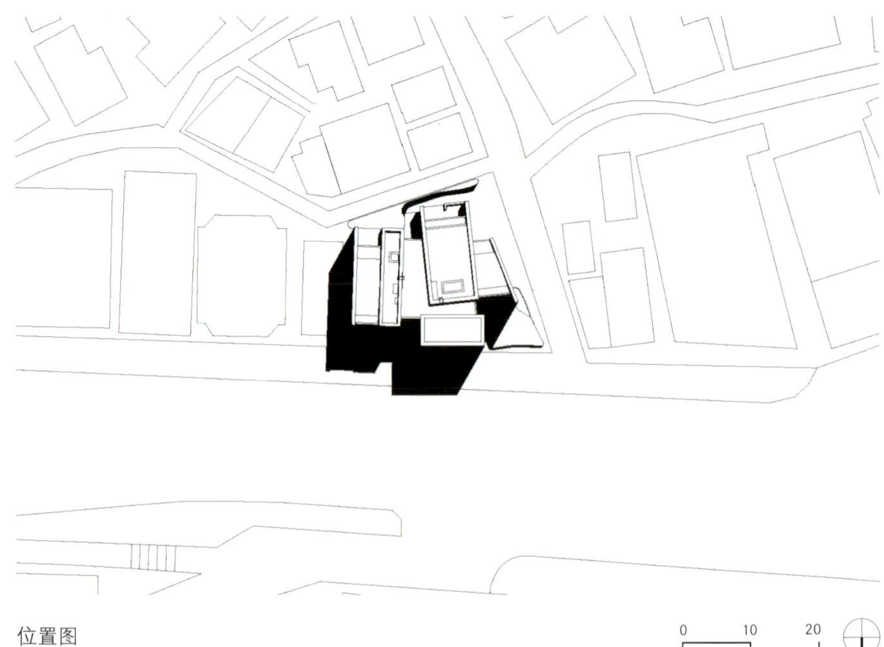

位置图

草图

南立面图

东立面图

北立面图　　西立面图　　纵向剖面图

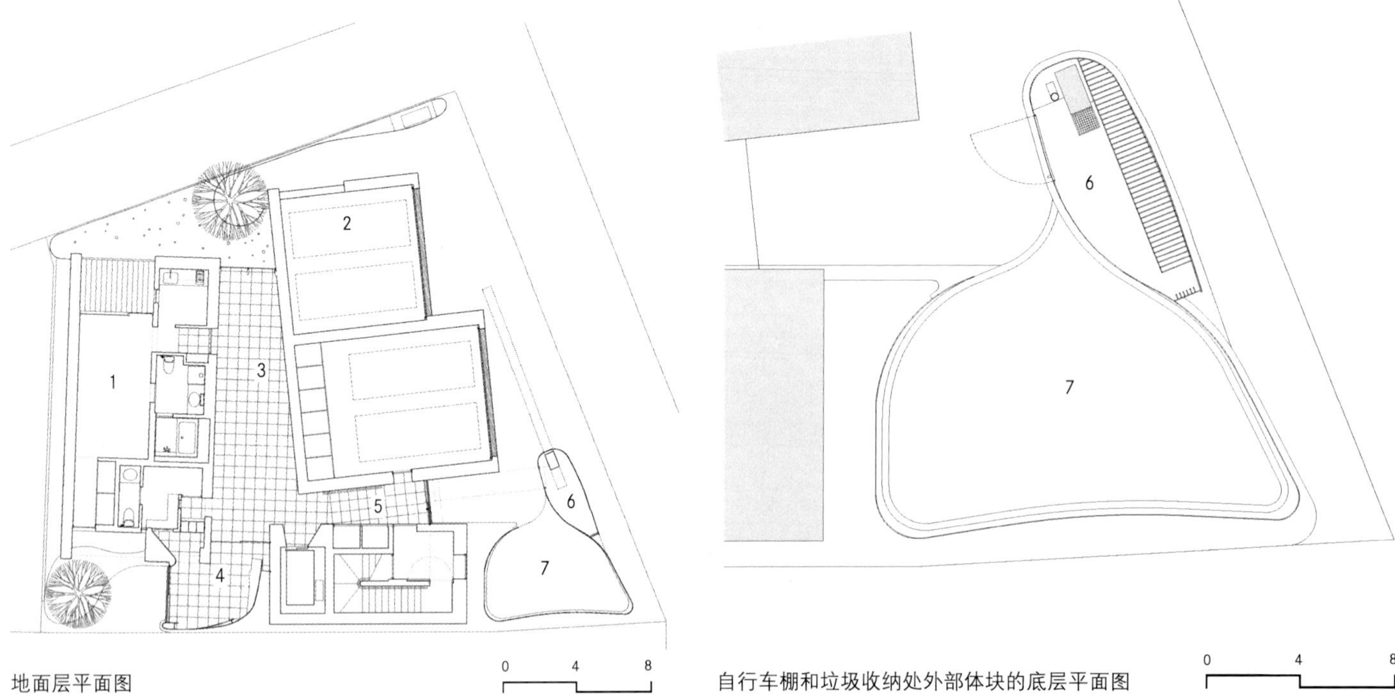

地面层平面图

自行车棚和垃圾收纳处外部体块的底层平面图

1. 公寓1
2. 车库
3. 门厅
4. 入口
5. 辅助入口
6. 垃圾收纳处
7. 自行车棚

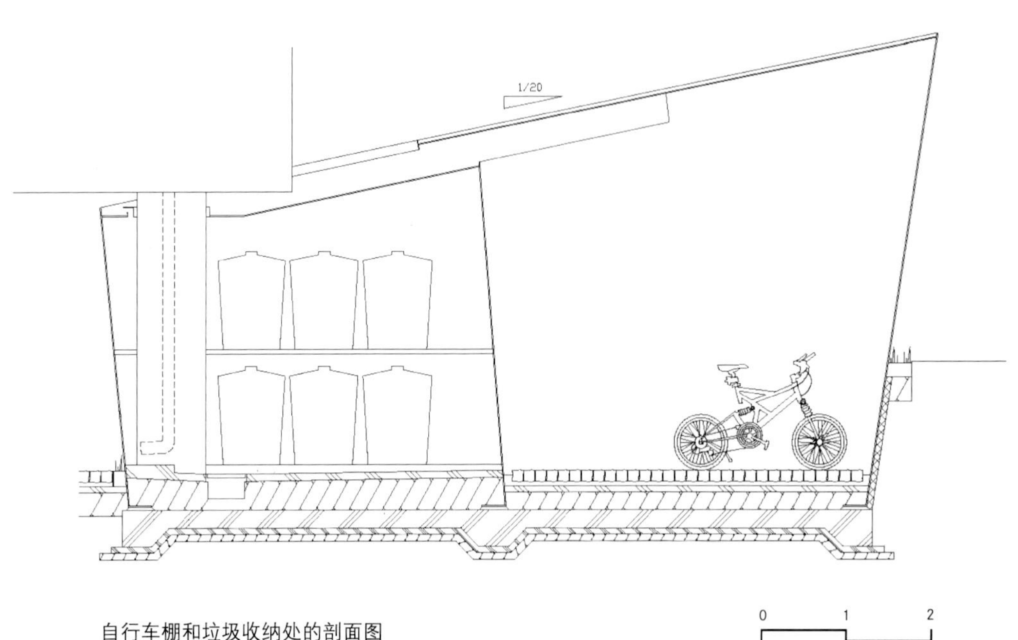

自行车棚和垃圾收纳处的剖面图

前厅清楚地指示出三个方向：一是通向住宅的主要入口，另一个是通向自行车棚的辅助入口，第三个通向内部花园。

钢制的雕塑感体量位于较远的东北方入口，被设计为垃圾收纳处和自行车棚的支撑。

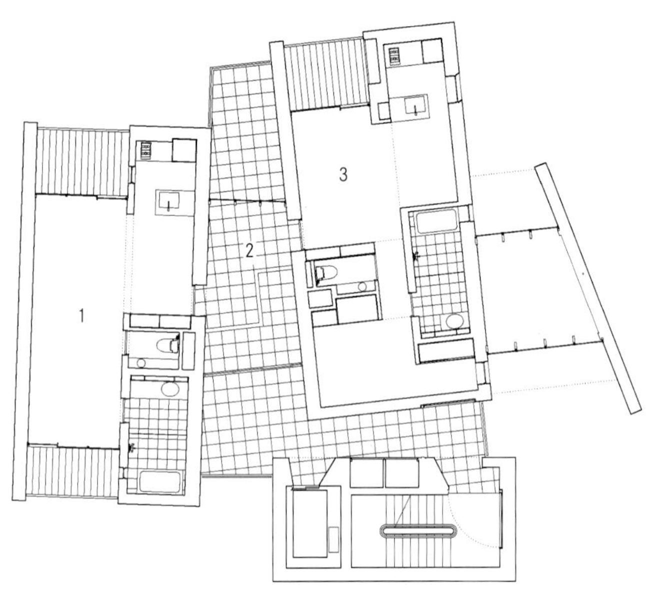

八层平面图

1. 套间B
2. 入口/过道
3. 套间A

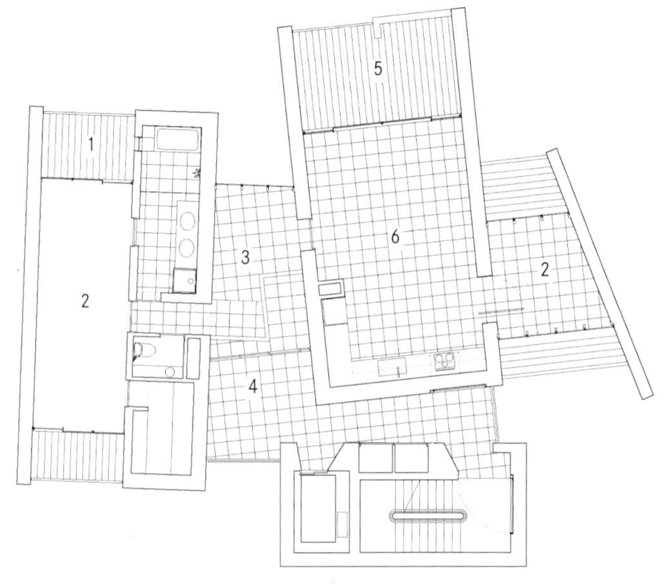

九层平面图

1. 阳台
2. 卧室
3. 入口
4. 前厅
5. 露台
6. 起居室，餐厅，厨房

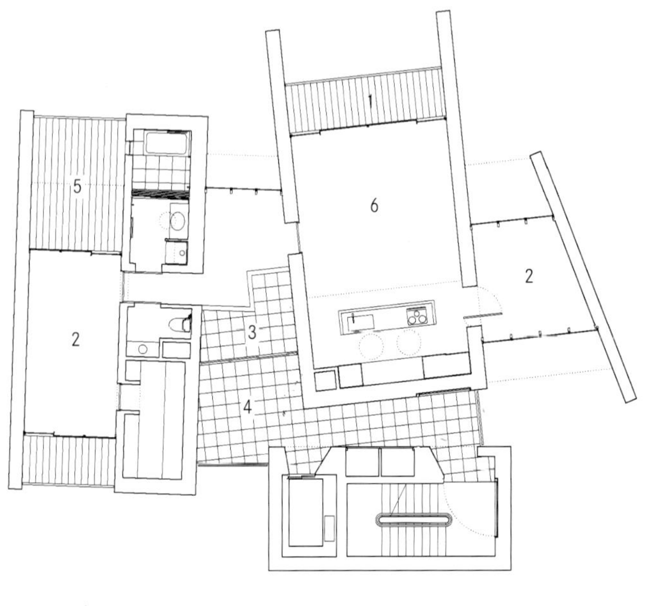

十层平面图

0 2 4

1. 阳台
2. 卧室
3. 入口
4. 前厅
5. 露台
6. 起居室，餐厅，厨房

冈田悟志建筑师事务所

16-12-302/303 Tomihisa, Shinjuku
Tokyo 162-0067, Japan
P+ 81 3 3355 0646
F+ 81 3 3355 0658
mail@okada-archi.com
www.okada-archi.com

近年的多层住宅作品

富谷公寓，东京，2005年

格林威治街497号

位于曼哈顿区的一处6层仓库被改建为一座新的11层住宅建筑及4层的附属建筑。新的玻璃骨架结构是对艺术的完美表达，它最大的特点就是930平方米的玻璃幕墙和经过更新的、开放的LOFT平面。

原有的砖结构建筑和新的钢架与玻璃骨架产生了新与旧的视觉对比。建筑之间的折面构造连接着一系列的悬挑阳台，这样，新旧建筑即使并置也有明显的区别，另外还将交界处的景观区域设置为两者的共享空间。折角的玻璃立面为室内提供充足的采光，向内可以看到室内大空间的LOFT公寓并和整个住宅大楼保持一致，向外则可以欣赏哈得孙河的美丽景色。

中心核部分包括垂直交通系统和一些公共设施。一层突出的入口区域连接着休息厅、零售店和画廊。整个综合服务区还配置有健身房和温泉浴室、放映厅、酒窖和双客房套间公寓。这种富有生气的空间、材料与风格的融合培育了更有活性的街道景观，混合着都市体验和居住生活的私密，使原有的工业区能够融入居住社区。

建筑师：

建筑与技术事务所

建筑面积：

7160平方米

公寓数量：

25套

完成时间：

2004年

项目内容：

私人多功能住宅

主要材料：

混凝土，钢材，双层反射玻璃幕墙，曲面玻璃，H形窗（挪威式窗：内部木窗框，外侧：镜面阳极铝板）石膏墙，预制混凝土楼梯，水磨石楼板

纽约，美国

城市面积：789.17平方公里

人口数量：827.5万

人口密度：10,486人/平方公里

照片来自

Floto+Warner

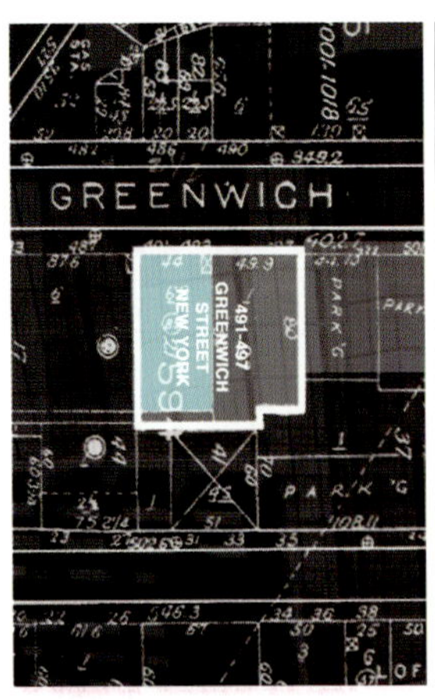

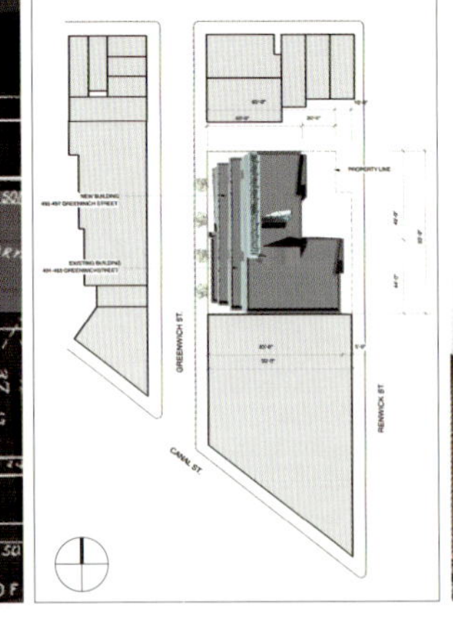

位置图与原有的仓库

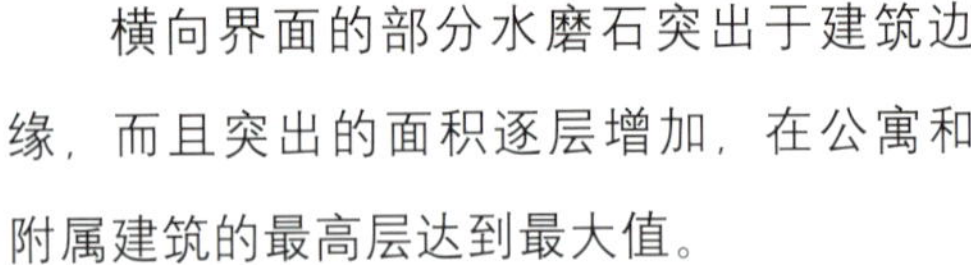

横向界面的部分水磨石突出于建筑边缘，而且突出的面积逐层增加，在公寓和附属建筑的最高层达到最大值。

从公寓内部的起居室可以鸟瞰附近的屋顶、河流和城市天际线。由于充分使用玻璃，尤其是在屋顶平台部分，创造出了一个与大多数公寓建筑不同的、独特的透明空间。

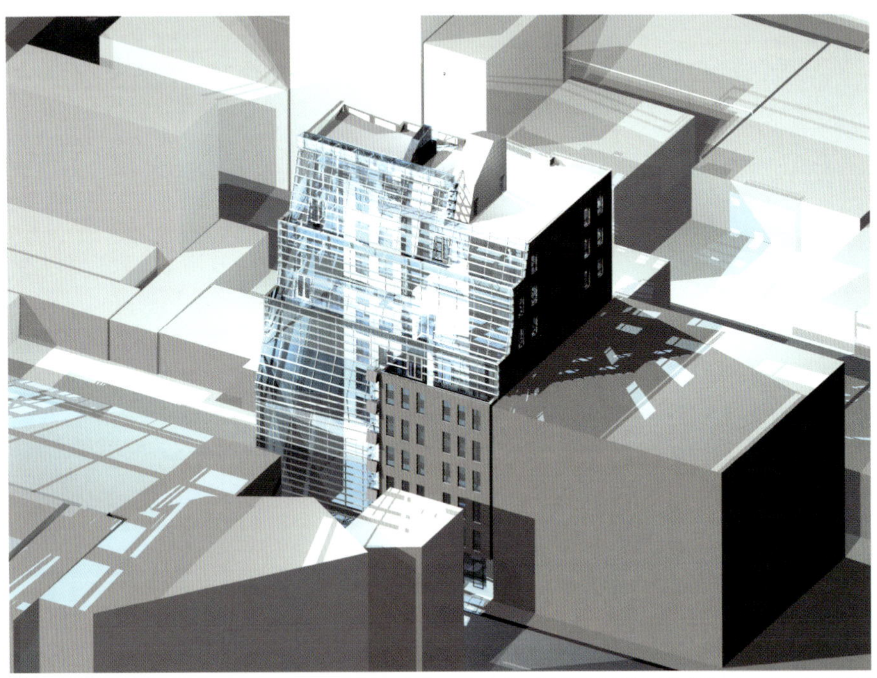

3D鸟瞰图

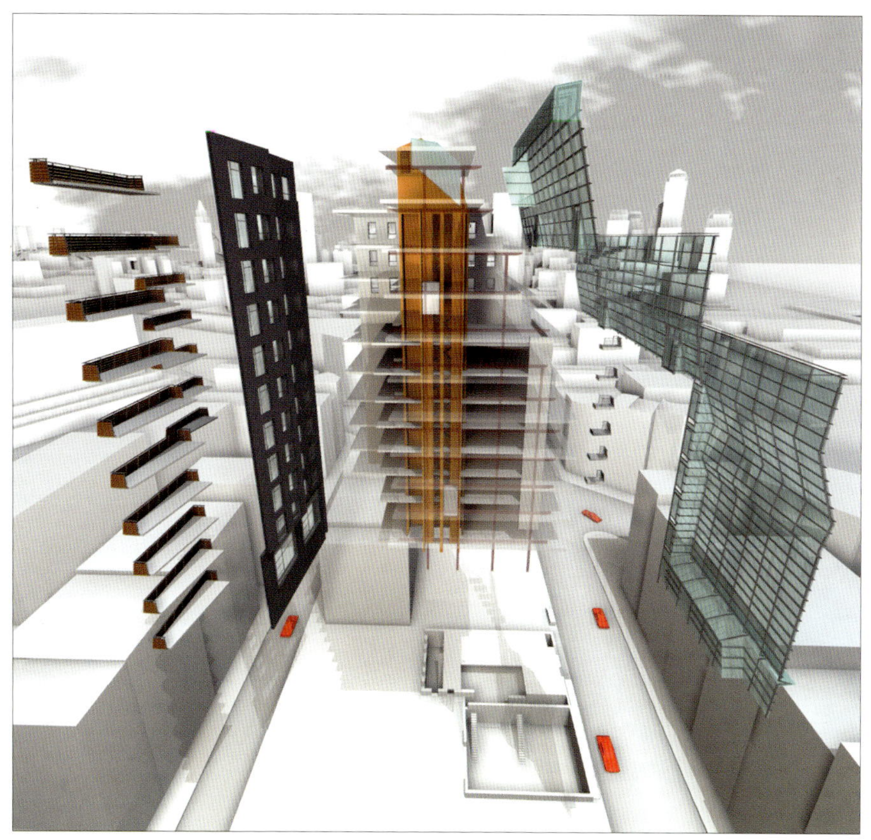

剖透视图

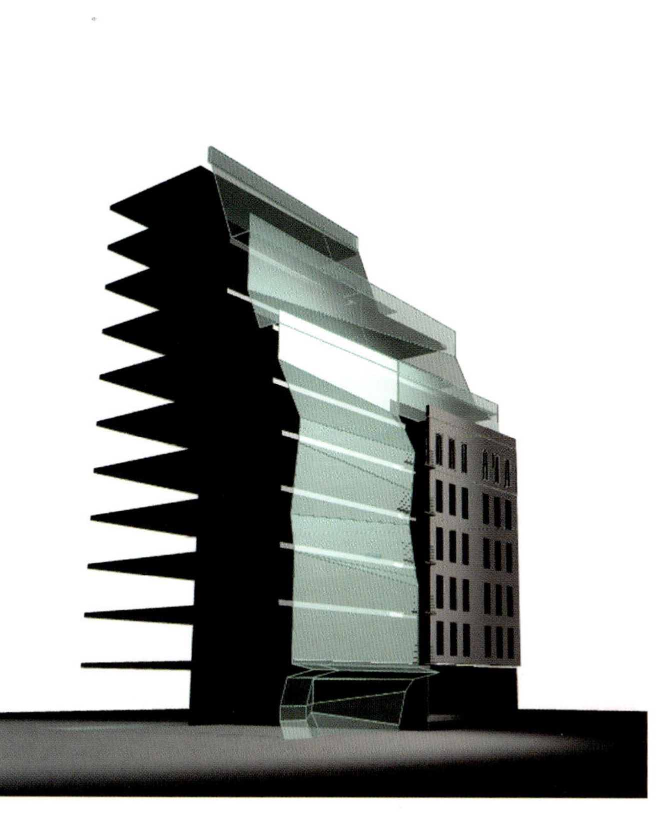

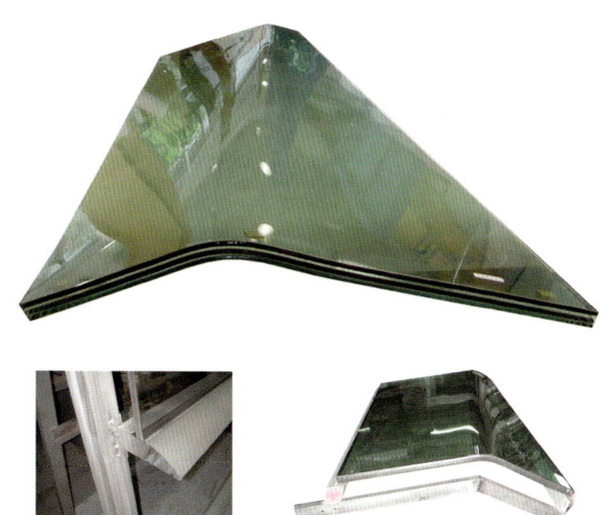

纽约建筑规则的重新解读

这个26米的挺直立面的产生使平面与上部高度的收进比例为2.7:1的纽约建筑规则发生了改变。

这一点在立面上得到了共鸣，并产生了一系列倾斜的平面，达成了都市的街道景观与LOFT住宅内部的统一。完全定制的、创新的幕墙从连接着玻璃板的悬挂结构和水平铝片的纤细垂直钢架上分离开。玻璃由1英寸厚的蓝绿色绝缘玻璃和low-e面层构成，作为结构上的反射表面同曲面玻璃单元装配在一起做出折叠的部分。

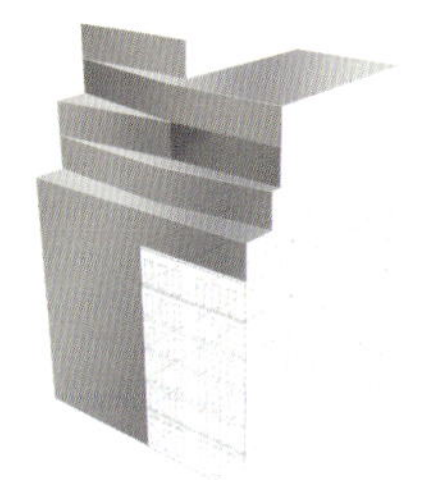

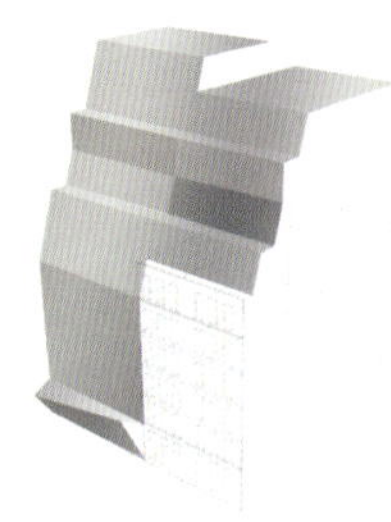

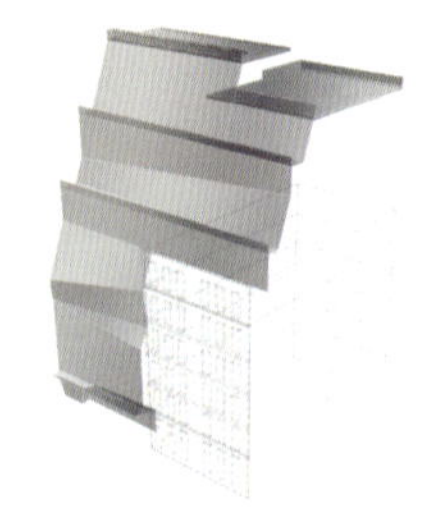

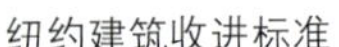

纽约建筑收进标准　　建筑收进变化　　朝向设计　　变形1　　变形2

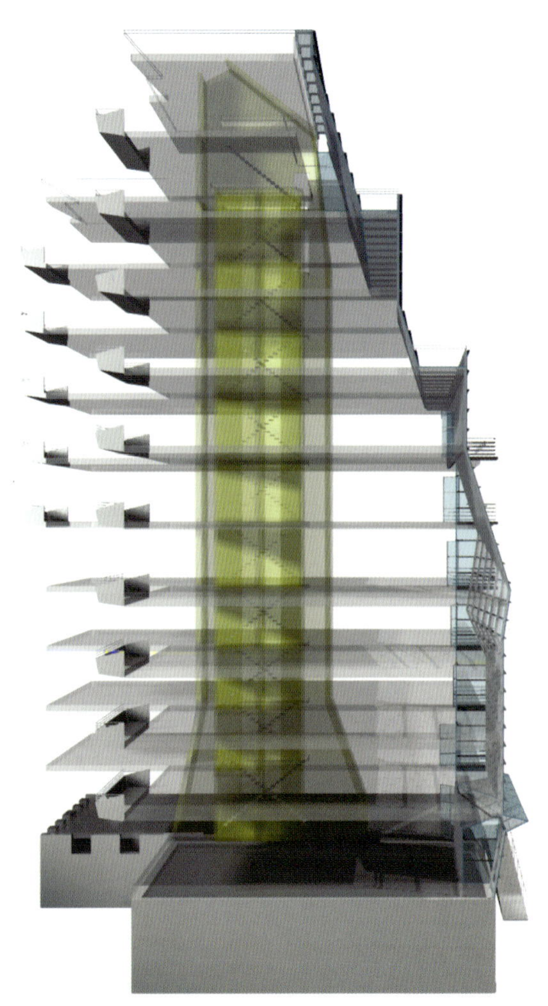

立面图

在开敞的平面布局中使用纯色赋予室内不同区域以特征。厨房的墙壁为黑色，搭配黄色橱柜，橱柜抽屉里是各种餐具和厨房用品。

卧室还包含一个大的可以进入的壁橱和一个成套的浴室。为了更加舒适与私密，浴室用推拉玻璃门进行分隔。

楼层平面剖透视图

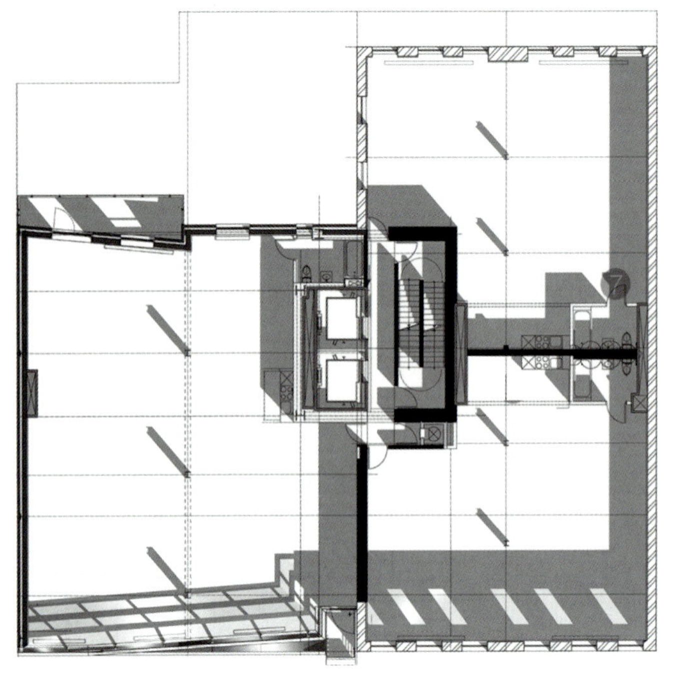

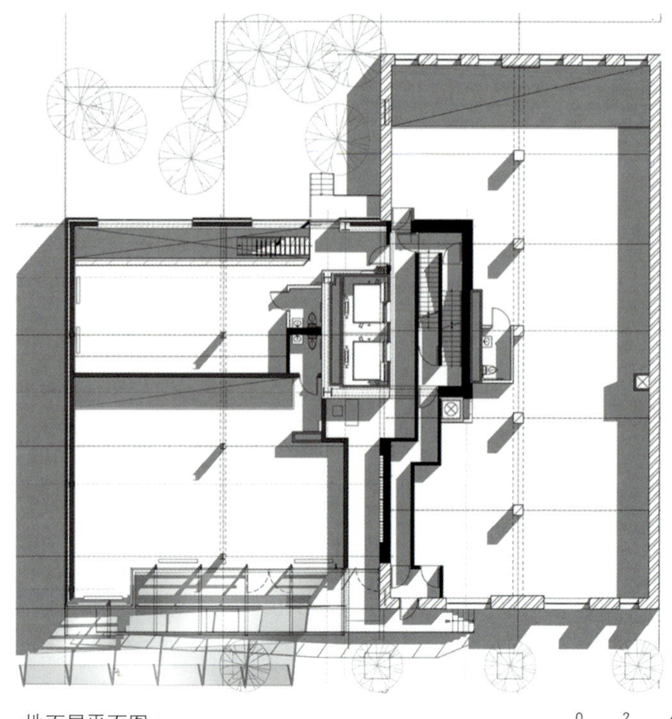

七层平面图

地面层平面图

建筑与技术事务所

200 Varick Street,Suite 507 b
New York, NY 10014, USA
P+ 1 212 226 03 03
F+ 1 212 206 09 20
office@archi-tectonics.com
www.archi-tectonics.com

近年的多层住宅作品

格林威治街497号，纽约，2004年
Maashaven，鹿特丹，2002年

L住宅

L住宅坐落在塞扎纳（Sežana）市的北部边界，该城市是与意大利相邻的斯洛文尼亚的一个直辖市。L住宅是由原有的两个半独立的建筑扩建形成的。建筑师最初的设计理念是“3和1”——三个建筑替代一个——这就意味着他们将新的建筑视为独立的个体存在，而绝不是对现存建筑的简单扩建。“3和1”基于竖向空间容积的组织，不但要加强现有建筑的特征，同时需要为每个新的建筑创造出不同的新特征。

这个综合体由三座7层半独立式的矩形平面的建筑构成，倾斜的屋顶是立面上最突出的特征：建筑每边都向东倾侧，但是中心的部分却朝向西侧。类似的斜向局部在三个建筑的底层重复出现，构成防护空间——公寓的底层平台和主要入口。除了与众不同的形式，抢眼的深红色是L住宅的另一大特征。西立面覆盖有红色纤维制粘合面板，而灰浆涂刷的建筑其余的边缘部分也使用了同样的颜色。惟一不同的是在交通空间使用灰色元素。

28套公寓被布置在中间位置，连接位于最西侧的两个区域。每套公寓都设有安全出口，顶楼则有大面积的露台，露台构成了屋顶的斜面形式。

建筑师：

Dekleva Gregoria建筑师事务所

用地面积：

2370平方米

公寓数量：

28套

完成时间：

2005年

项目内容：

私人住宅

主要材料：

混凝土，砖，灰浆，纤维水泥板材

塞扎纳，斯洛文尼亚

城市面积：217.2平方公里

人口数量：12583

人口密度：58人/平方公里

照片来自

Matevz Paternoster

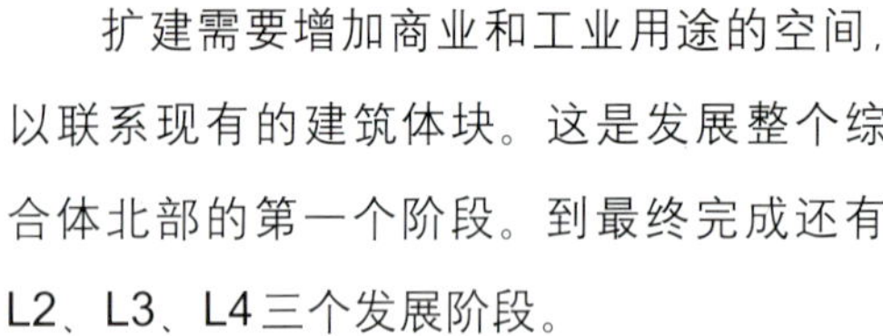

扩建需要增加商业和工业用途的空间，以联系现有的建筑体块。这是发展整个综合体北部的第一个阶段。到最终完成还有L2、L3、L4三个发展阶段。

入口位于中间部位，被建筑底层的斜向部分所包围。倾斜的屋顶使位于顶层的拥有露台的公寓数量增加了一倍。

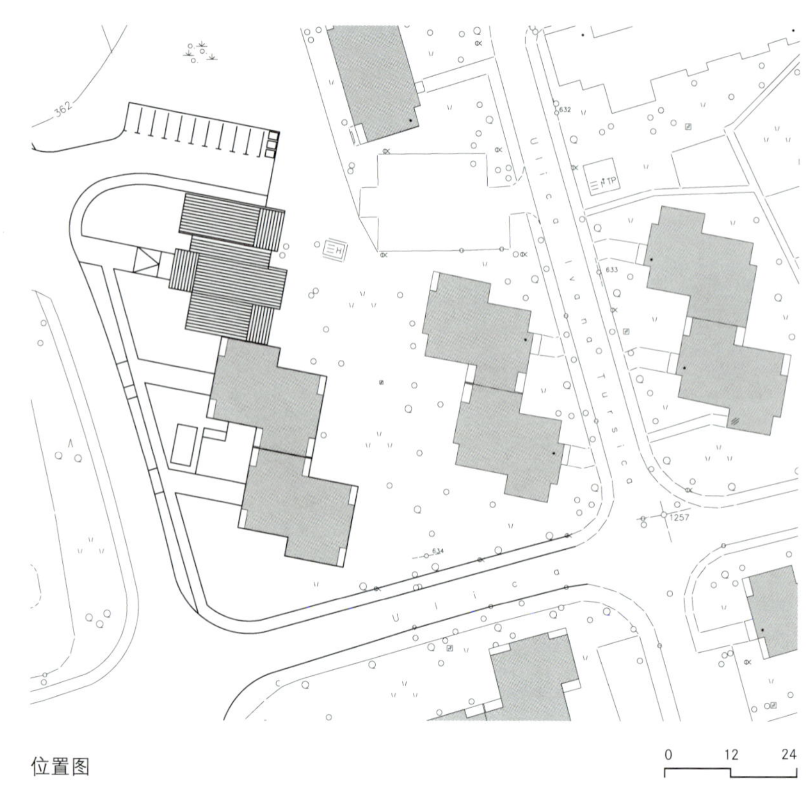

位置图

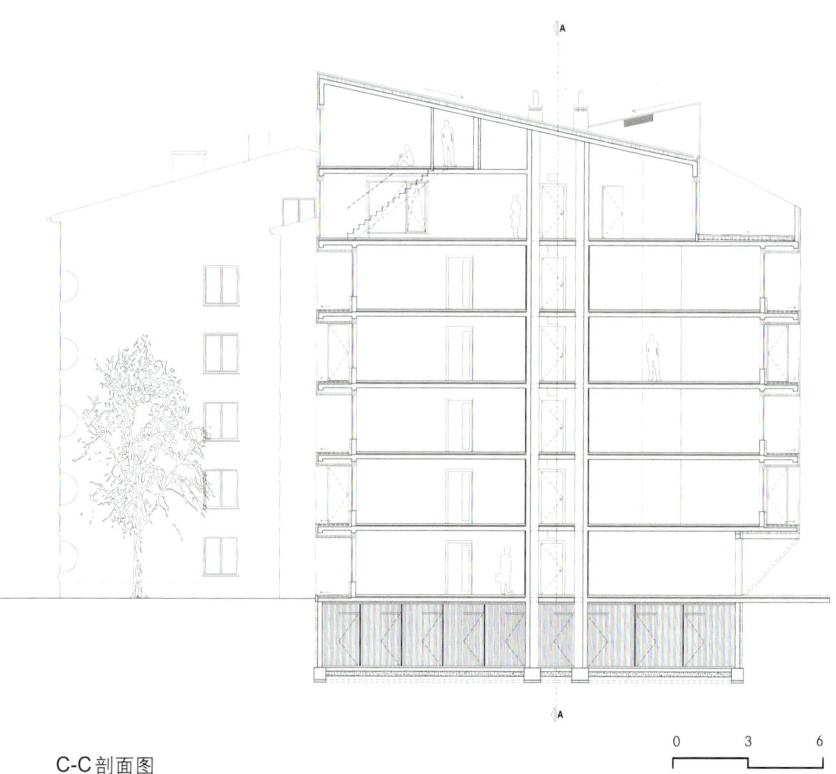

C-C剖面图

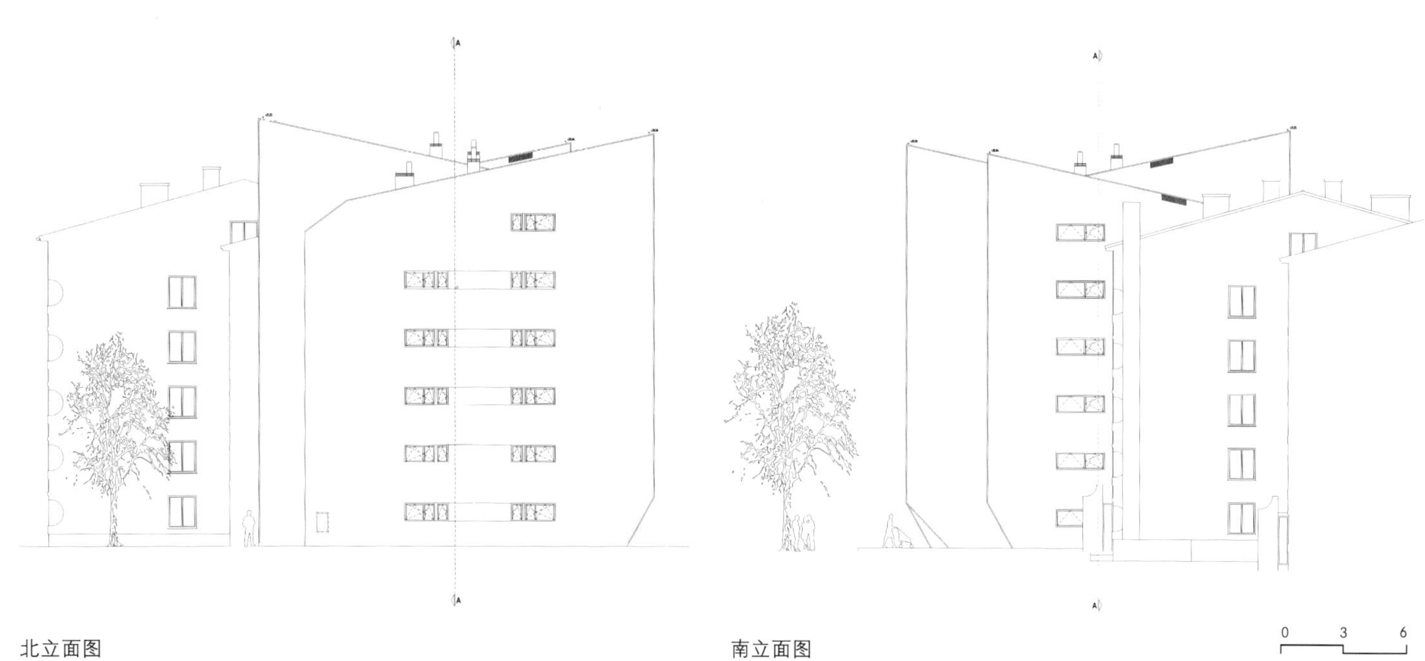

北立面图　　南立面图

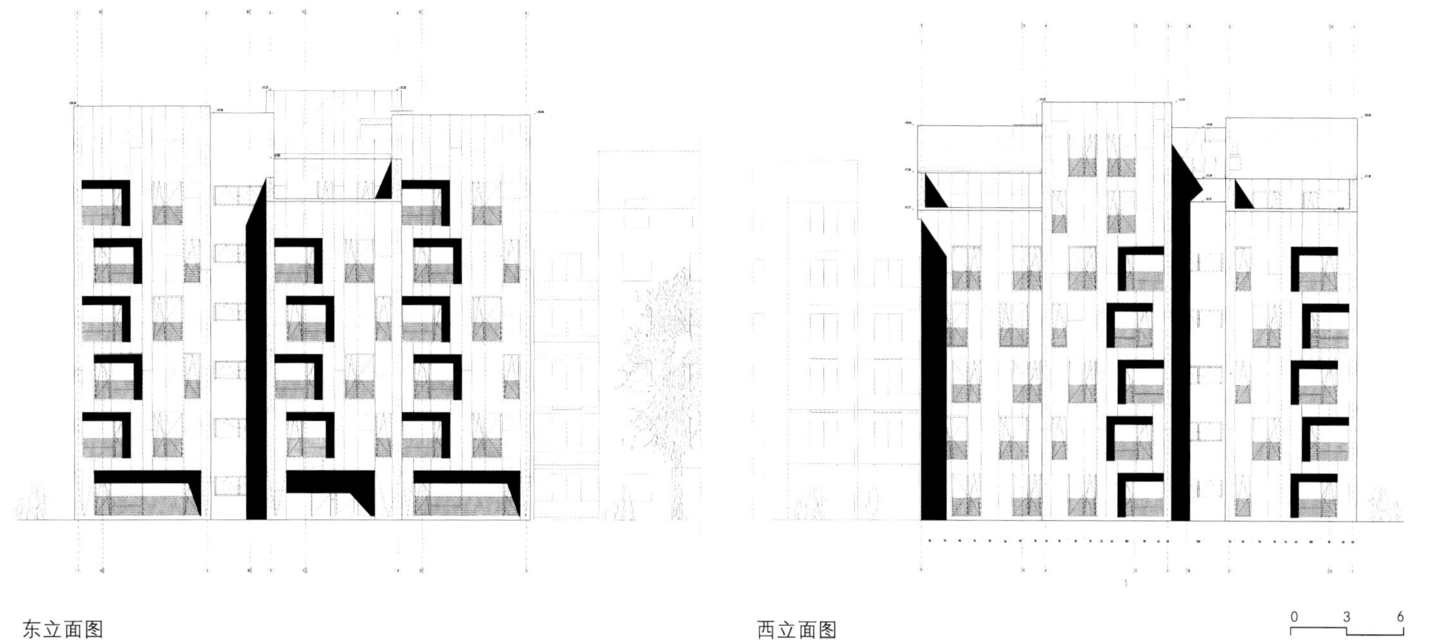

东立面图　　西立面图

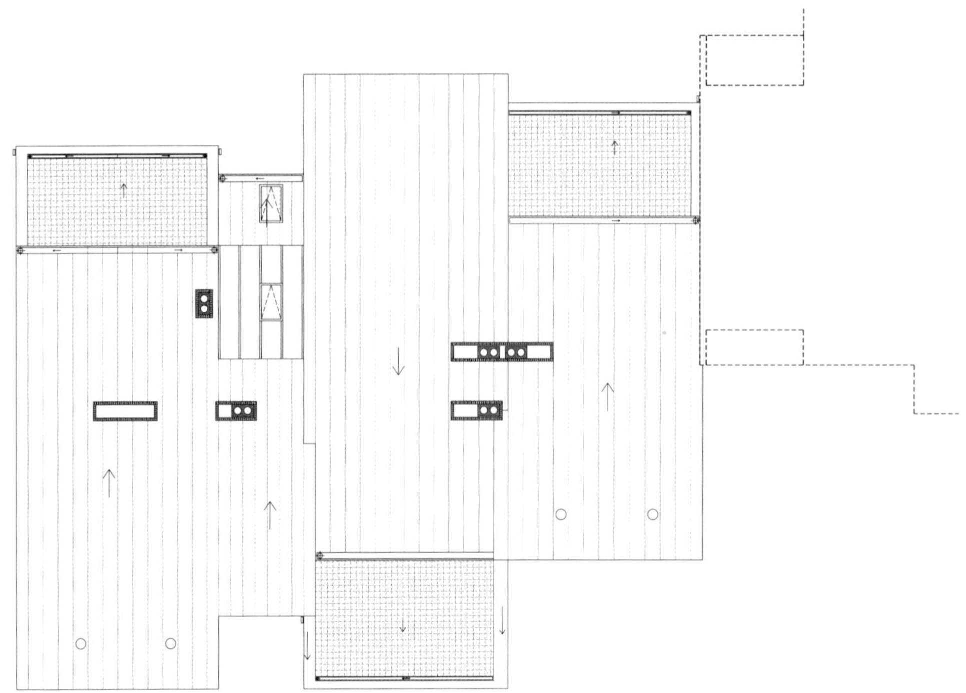

屋顶平面图

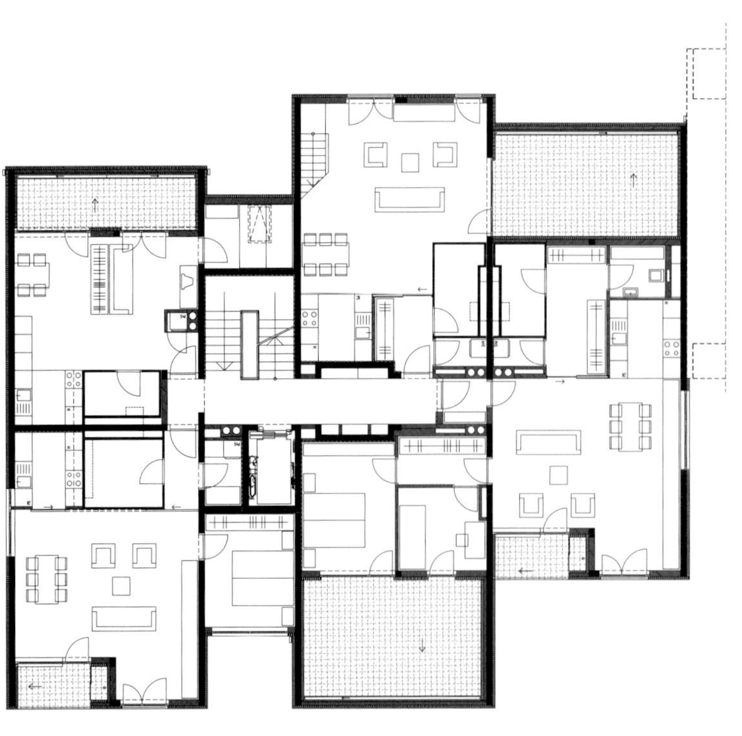

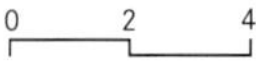

复式公寓平面图

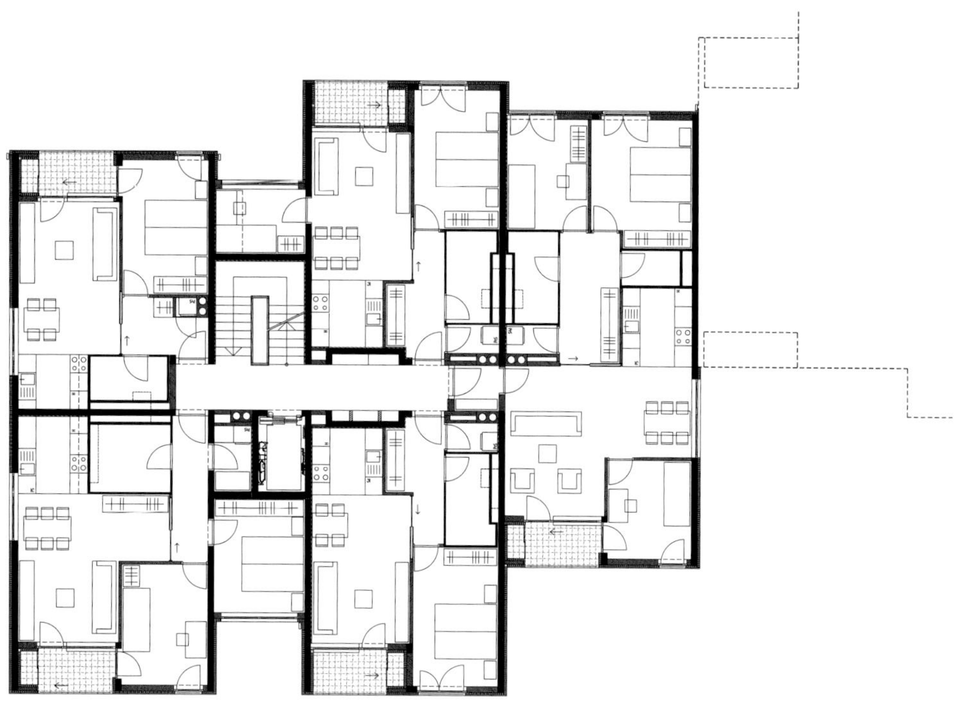

三层与五层平面图

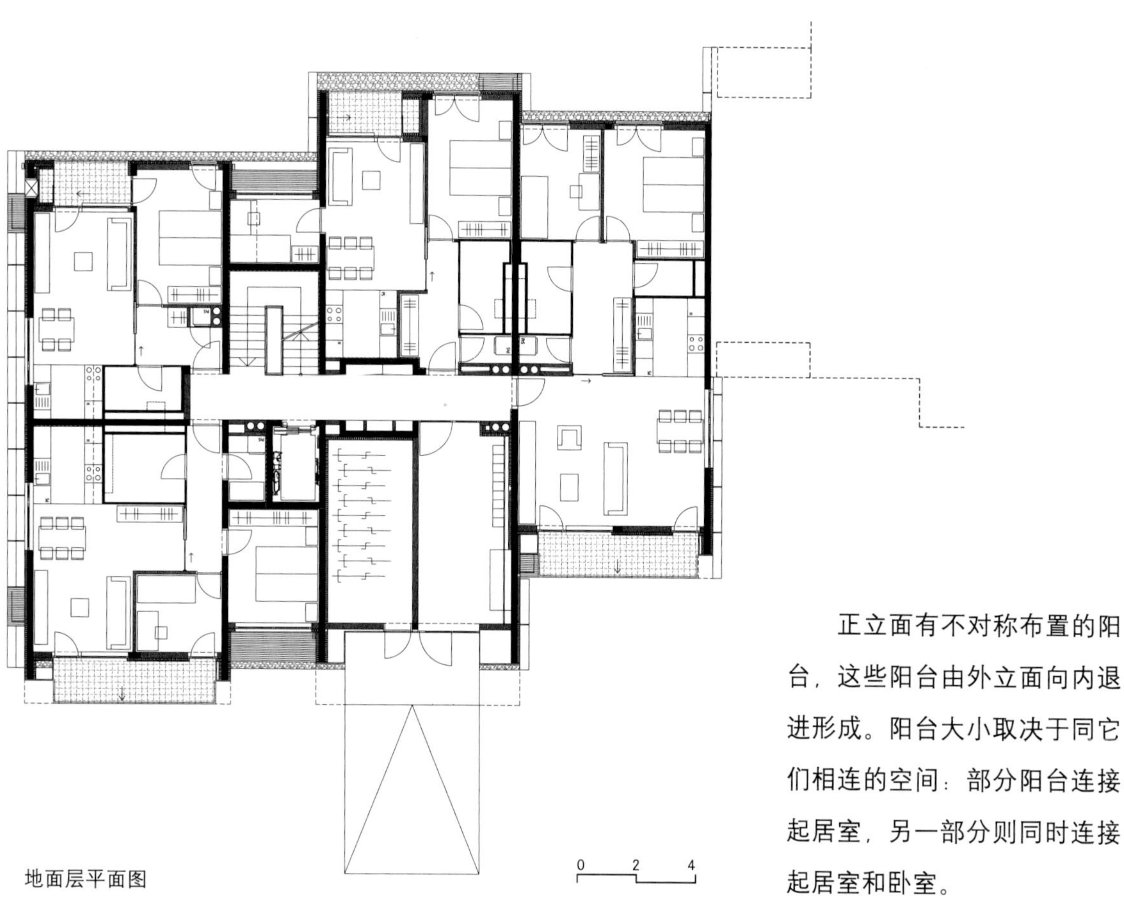

地面层平面图

正立面有不对称布置的阳台，这些阳台由外立面向内退进形成。阳台大小取决于同它们相连的空间：部分阳台连接起居室，另一部分则同时连接起居室和卧室。

这个花费190万美元的扩建住宅综合体包括一部电梯。疏散楼梯用花岗石板材和钢筋网制成。

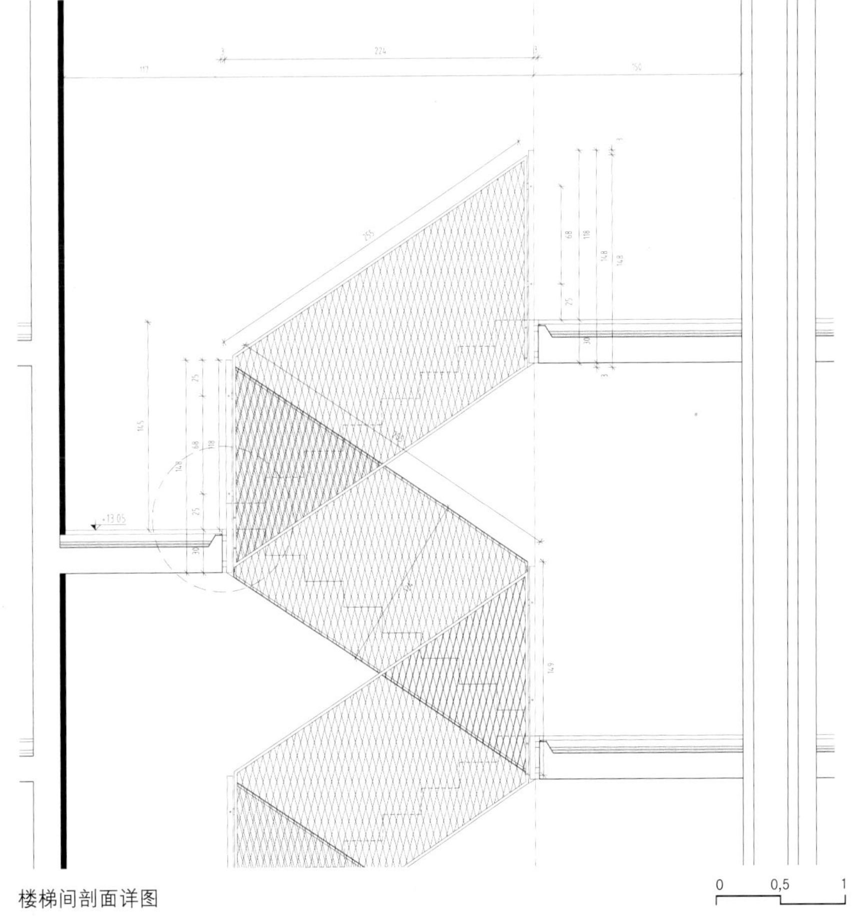

楼梯间剖面详图

Dekleva Gregoria 建筑师事务所

Dalmatinova 11
SI-1000 Lubiana,Slovenia
P+ 386 1 426 73 75
F+ 386 1 425 92 67
arh@dekleva-gregoric.com
www. dekleva-gregoric.com

近年的多层住宅作品

L4 住宅，塞扎纳，斯洛文尼亚，2008 年
L2,L3 住宅，塞扎纳，斯洛文尼亚，2007 年
L 住宅，塞扎纳，斯洛文尼亚，2005 年

利物浦街150号

利物浦街150号坐落在悉尼市中心的高层建筑和东悉尼的低等级住区之间。用地为L形，三面临街。一座2层的维多利亚时期的餐厅位于L形基地的中间部位，但是不属于用地范围之内，这使得建筑师将设计分为两个部分，而不是简单地围绕在周边。其中一部分从南贯穿至北，另一部分则占据广场的边角部位。整个建筑的特点在于大胆地使用橙色以及与众不同的布局。

整个住宅区共有35个单元，分为五种不同的户型。骨色的建筑包含了大多数单元，可以设计为双卧室的二联式公寓；橙色建筑每层设有一双卧室套间。单卧室套间占据各层建筑的南向位置，视线朝向社区。工作单元占据入口层北向的位置，经过街道可以到达地下停车场上面的一层。

色彩是公寓内部不可缺少的设计要素，而厨房是各种饱和色彩的连接部位，地面使用灰暗色调的Pirelli橡胶，可与其他各种颜色协调。建筑的立面安装有遥控式百叶窗，既可遮蔽阳光又隔离十字路口的噪声。这些设计元素使整个临街立面呈现出协调的比例和肌理。

东立面的阳台表面做橙色面层，能够与橙色建筑产生视觉上的联系。二者的交接处是两个骨白色的扶梯以及楼梯井。

建筑师：

伊万·摩尔建筑师事务所

用地面积：

3371平方米

建筑面积：

685平方米

公寓数量：

35套

完成时间：

2004年

项目内容：

住宅+零售商业

主要材料：

预制混凝土墙板与楼板（主体）；

压缩纤维板材，陶瓷面砖（橙色）

悉尼，澳大利亚

城市面积：12144.7平方公里

人口数量：433.6万

人口密度：2058人/平方公里

照片来自

Ross Honeysett

位于悉尼城市商业街区一角的拥有35套单元的综合体的最大特征是它对橙色的大胆运用和不同寻常的布局形式。设计被分为两个不同的组成部分，以取得同原有建筑之间的协调。

主要建筑体块上东向的阳台设计为橙色，以保证和建筑物的色彩相统一。所有体块都围绕在白色外表面的核心空间周围，核心空间用作电梯和楼梯间。

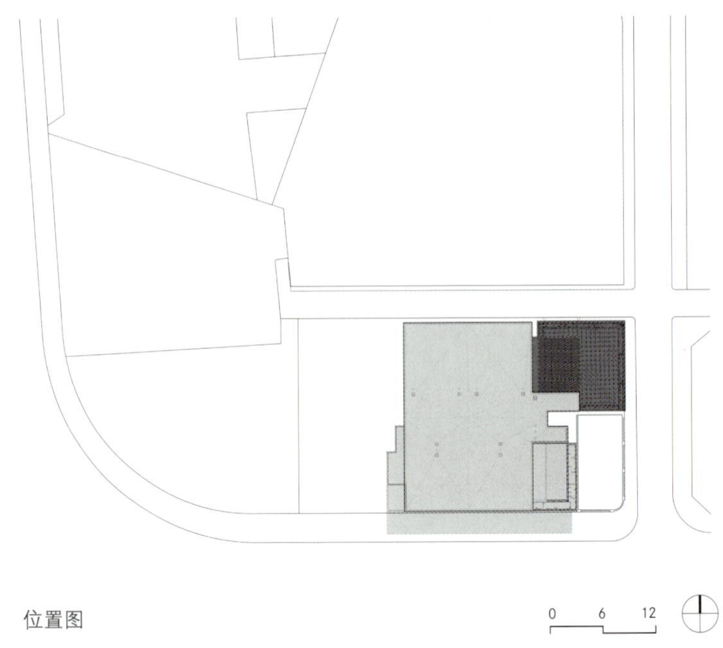

位置图

东立面图

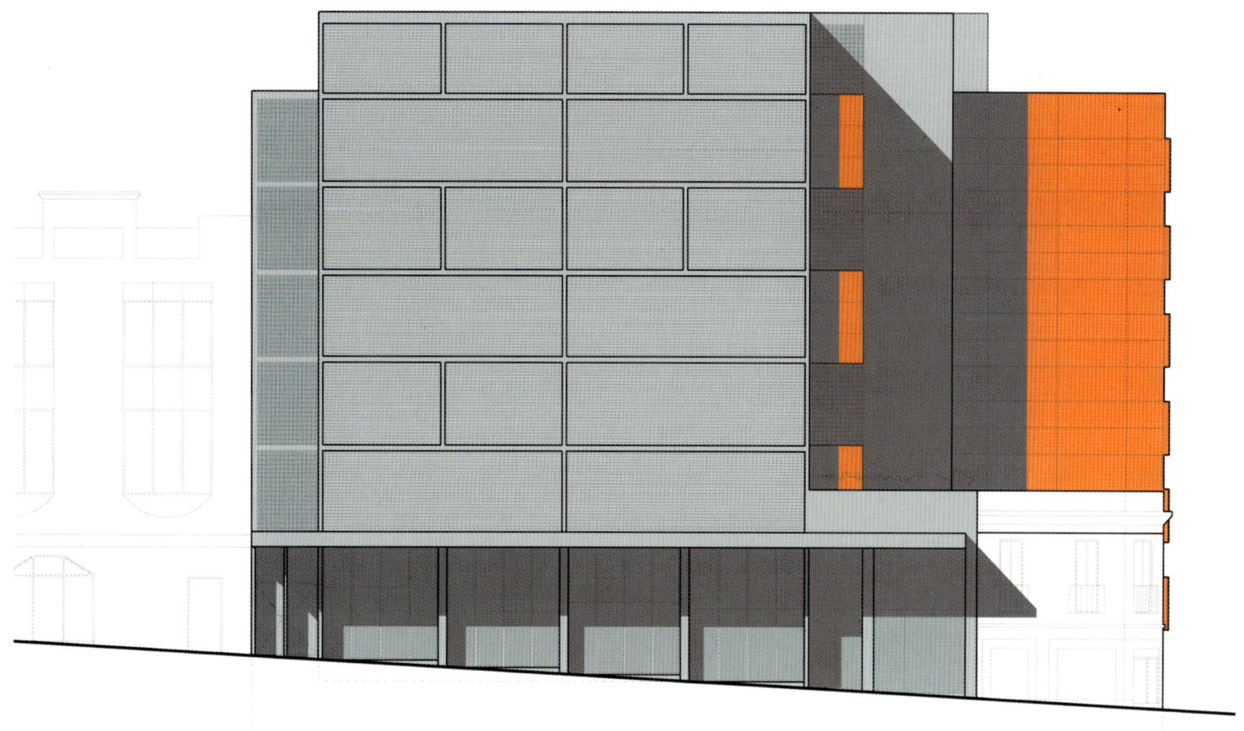

南立面图

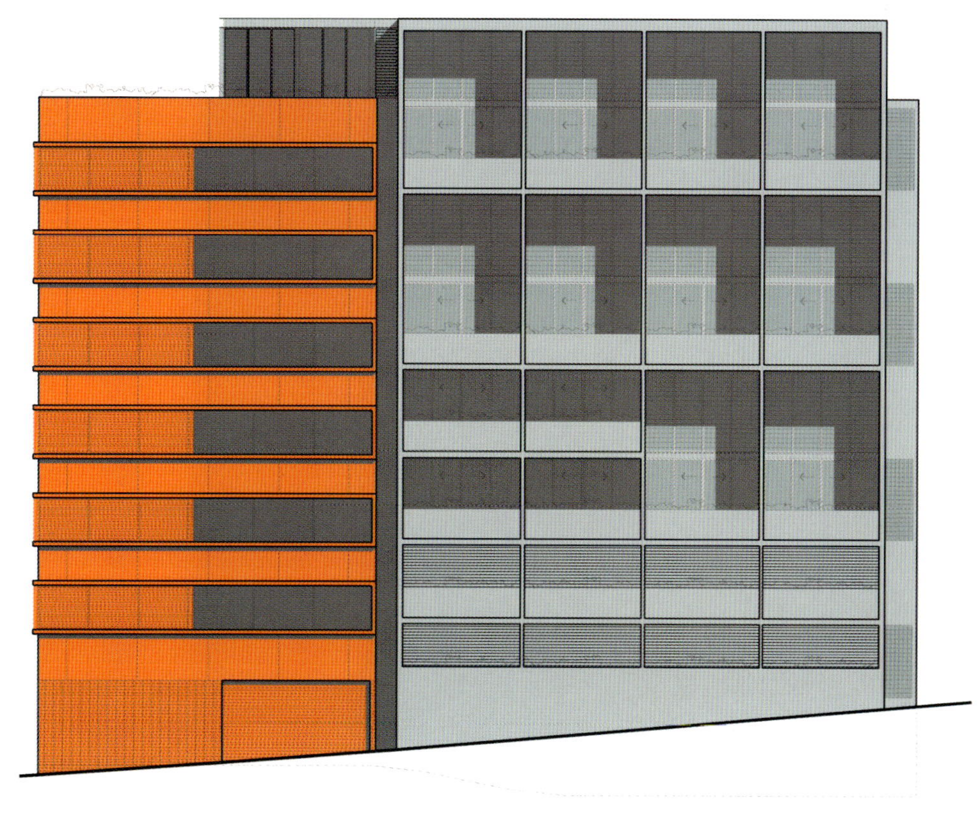

北立面图

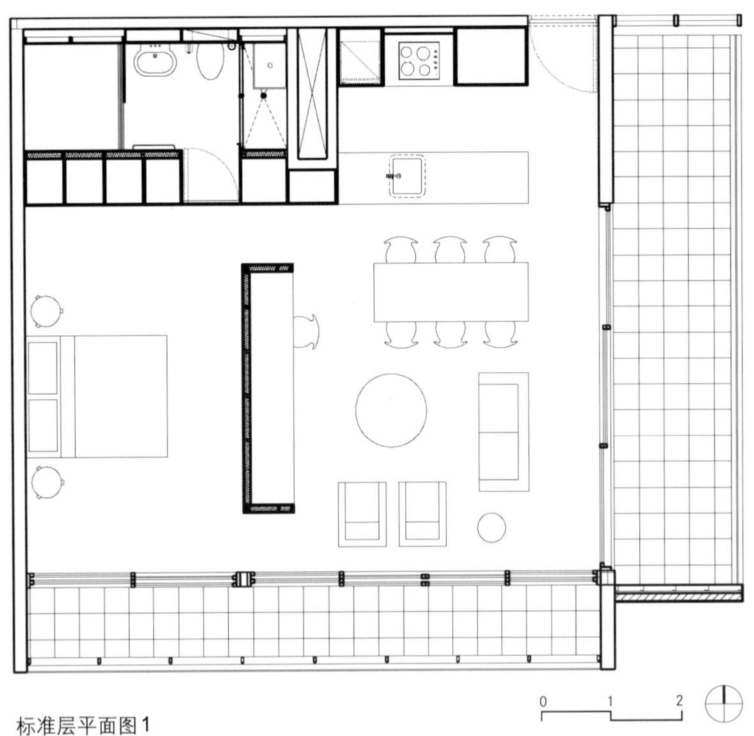

标准层平面图1

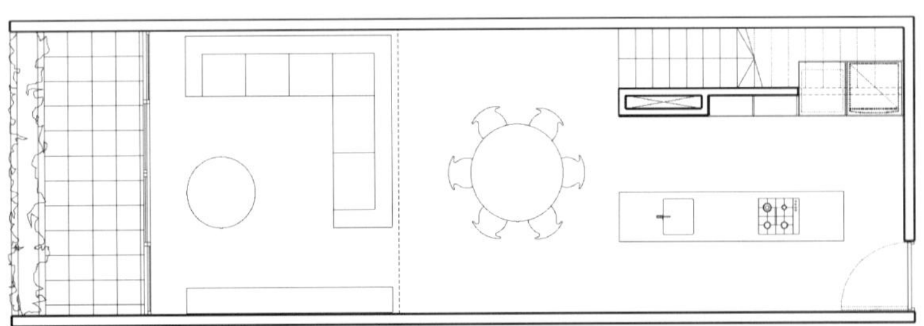

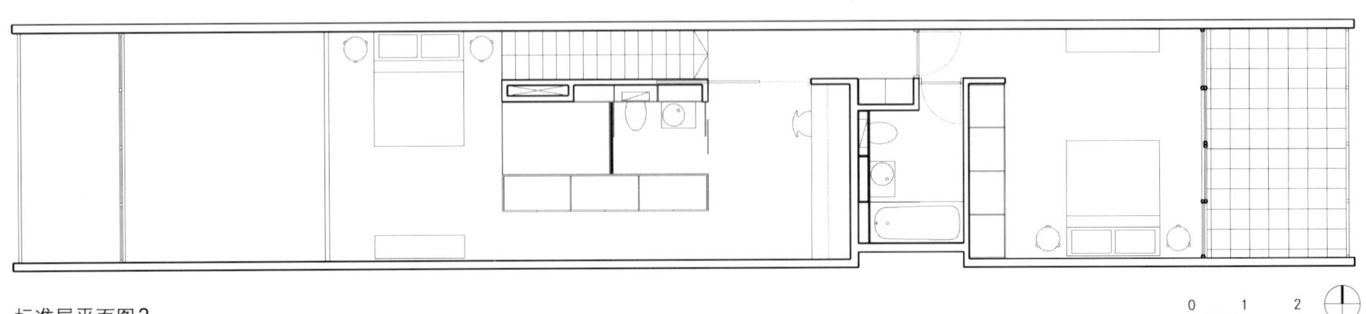

标准层平面图2

色彩是公寓内部设计的基础。使用和厨房相同色彩标准的Vola洁具，使得整个厨房的空间看起来更加宽敞。

地面铺设Pirelli橡胶，这种有弹性、耐磨、防水的材料，广泛应用于制造业中。

八层平面图

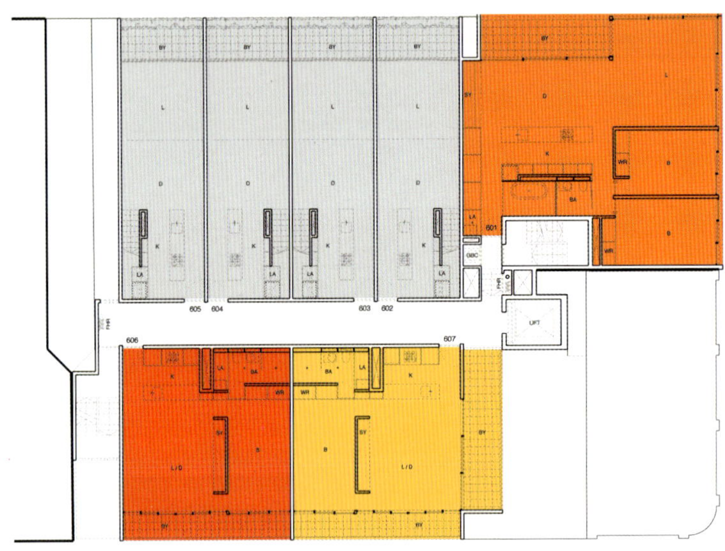

七层平面图

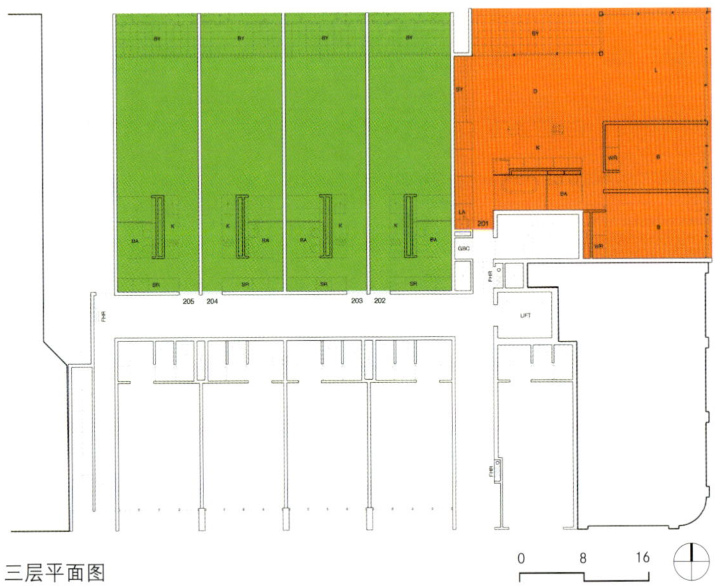

三层平面图

伊万·摩尔建筑师事务所

85 Mclachlan Avenue
Rushcutters Bay
2011 Sydney Arstralia
P+ 61 2 9380 4099
F+ 61 2 9380 4302
info@ianmoorearchitects.com
www.ianmoorearchitects.com

近年的多层住宅作品

Beaumont 住区第三期住宅，奥克兰，2007年
Campbell Parade280号公寓，悉尼，2006年
Air公寓大楼，昆士兰，2005年
利物浦街150号公寓大楼，东悉尼，2004年
Kings Lane, Darlinghurst，悉尼，2002年
Barcom林荫道公寓大楼，悉尼，2002年
The Grid公寓大楼，Rushcutters Bay，悉尼，2001年
Altair公寓大楼，Kings Cross，悉尼，2000年

DONNYBROOK住区

在不同的影响之下，卡萨布兰卡建筑，阿尔瓦罗·西扎和罗杰斯爵士为英国城市计划部门（Britain's Urban Task Force）设计的方案——Donnybrook住区方案，被其创造者看作是对都市网络中的公共生活的礼赞。

这个位于伦敦东端的非典型的都市综合体是一个私有项目的一部分。该项目中包括40份出售房产，其中8份将用做公共住宅，以符合英国商业中心区计划中"部分房产属于新都市计划"的规定。此外该项目中还有3份房产用做住宅兼工作室类型，可以满足自由职业者的生活需要。

这个综合体的大胆设计被认为是理查德·罗杰斯于1998年向英国城市计划部门提交的报告（主题是探索都市中心区的可持续发展规划）中的改革建议的部分实施结果，他认为建筑师应该结束伦敦普遍的露台式住宅类型，代之以带有阳台的一层或两层住宅的模式。而这种形式以前在哈克尼地区的维多利亚公园附近非常少见。

最后完成的设计包括普通住宅、公寓和1~3层不等的合租式公寓。每套公寓的所有者都享有自己的面积为32平方米的、位于第二层高度上的平台。而内部街道的布局形成了整个综合体的中枢，不仅为步行交通提供方便，也更便于孩子们在街道上玩耍。

建筑师：

彼得·巴伯建筑师事务所

用地面积：

3000平方米

建筑面积：

2500平方米

公寓数量：

40套

完成时间：

2006年

项目内容：

私人/公共住宅，

公共空间及工作室

主要材料：

空心砌块，预制混凝土楼板，木质地板和屋顶，木质窗，轻型内隔墙

伦敦，英国

城市面积：1706.8平方公里

人口数量：755.7万

人口密度：4761人/平方公里

照片来自

Morley Von Sternberg

位置图

0 5 10

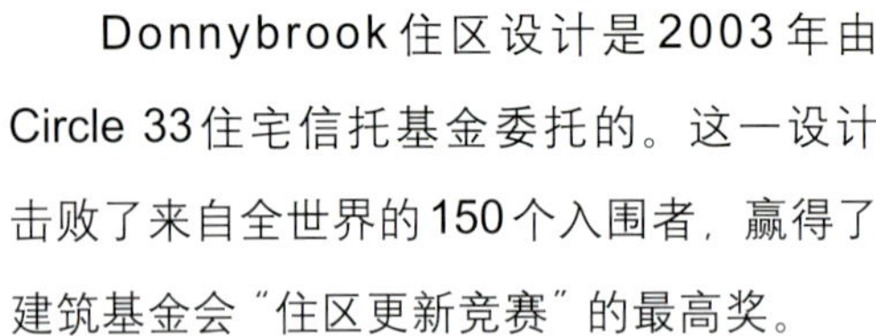

Donnybrook住区设计是2003年由Circle 33住宅信托基金委托的。这一设计击败了来自全世界的150个入围者，赢得了建筑基金会"住区更新竞赛"的最高奖。

Donnybrook是一个低层高密度的城市街区，坐落在哈克尼区维多利亚公园南边一个显眼的拐角处。住区分布在一条新植了行道树的街道两侧，可以方便地通达各住宅，并在相邻住宅之间形成了强烈的空间上的联系。

立面图

沿Parnell街立面图

0 5 10

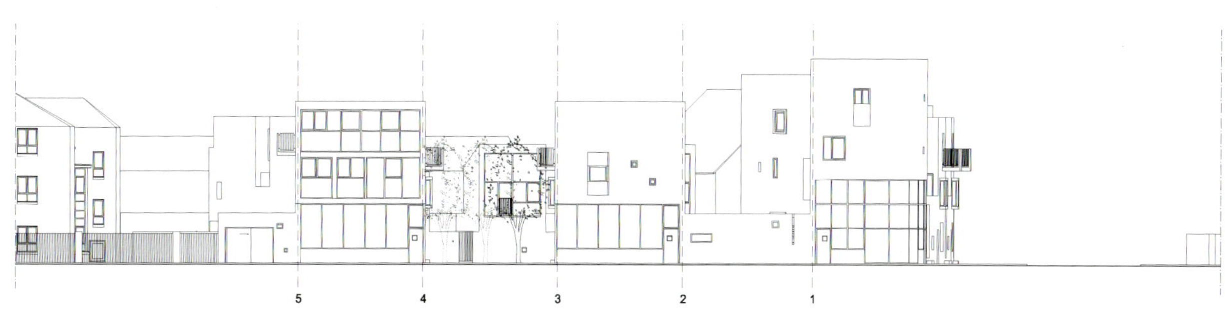

沿老福特街立面图

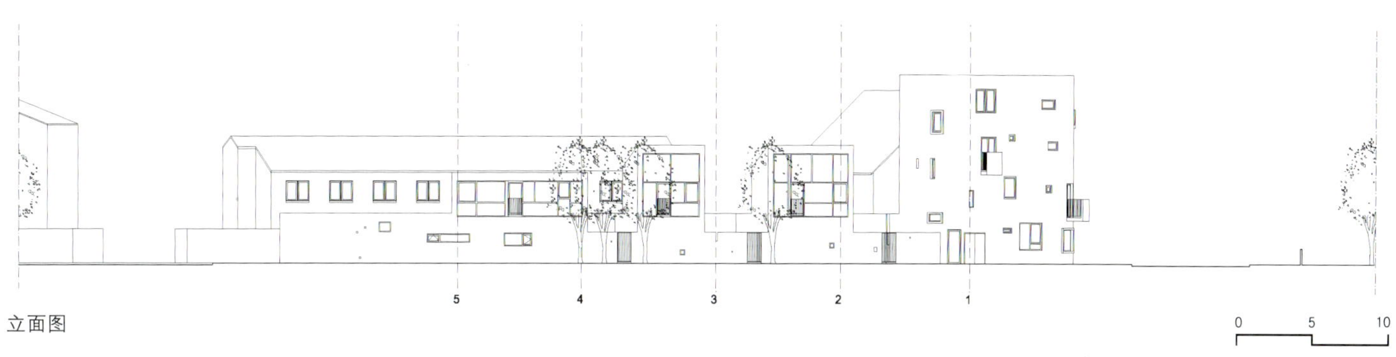

立面图

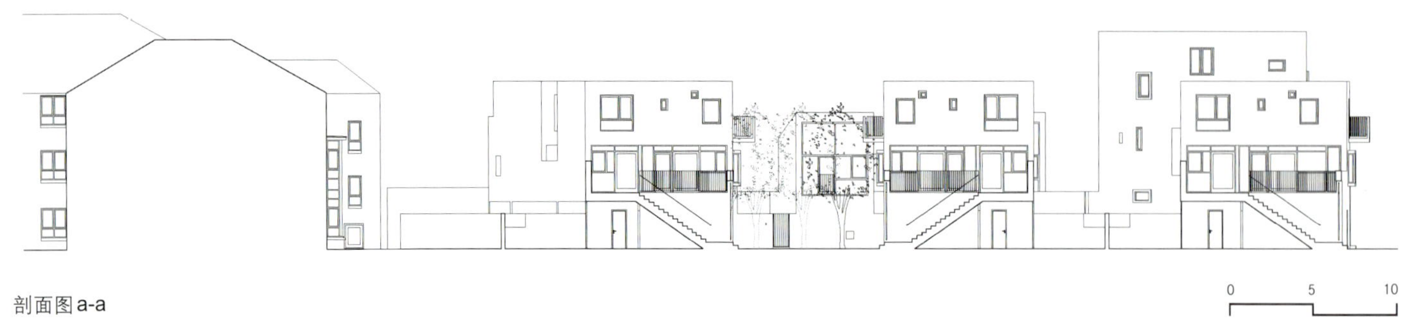

剖面图a-a

剖面图b-b

整个街道拥有7.5米宽的亲切尺度感，两边是2~3层的建筑物。整个规划的重点是在十字交叉的路口位置，将两条街道拓宽形成一个树阵广场空间。

整个规划能够为近130人提供40套住宅及配套设施，建筑密度控制在每公顷400套住房的标准。其中21%的住宅单元被留作经济适用型。

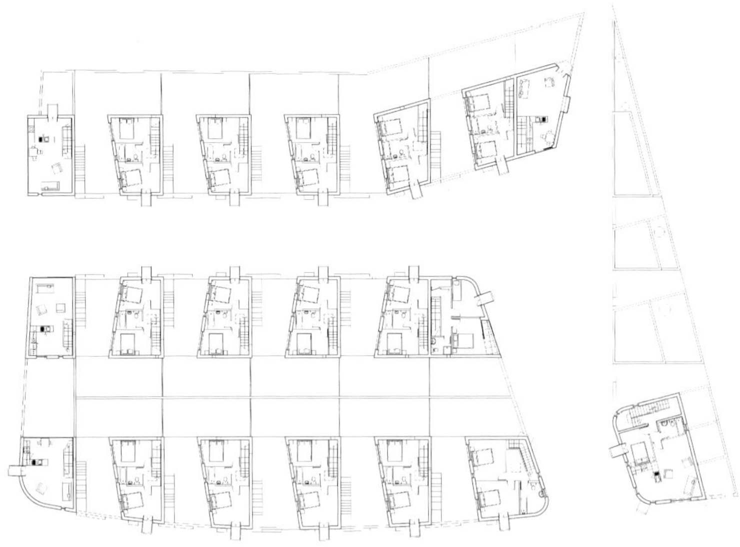

三层平面图

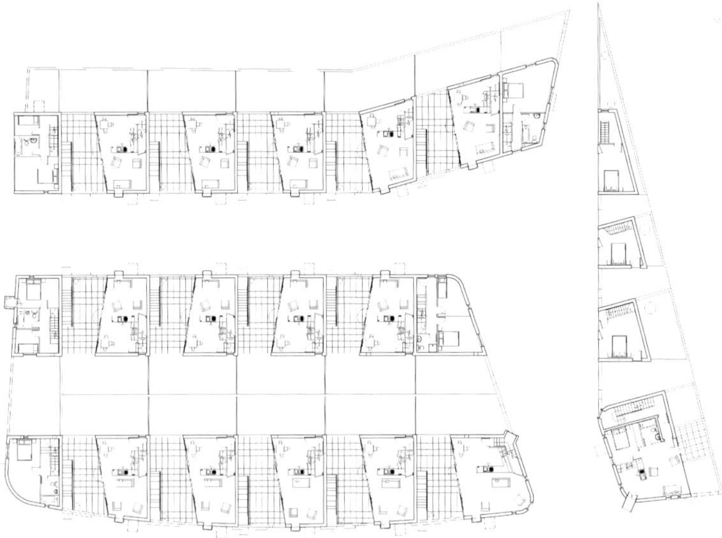

二层平面图

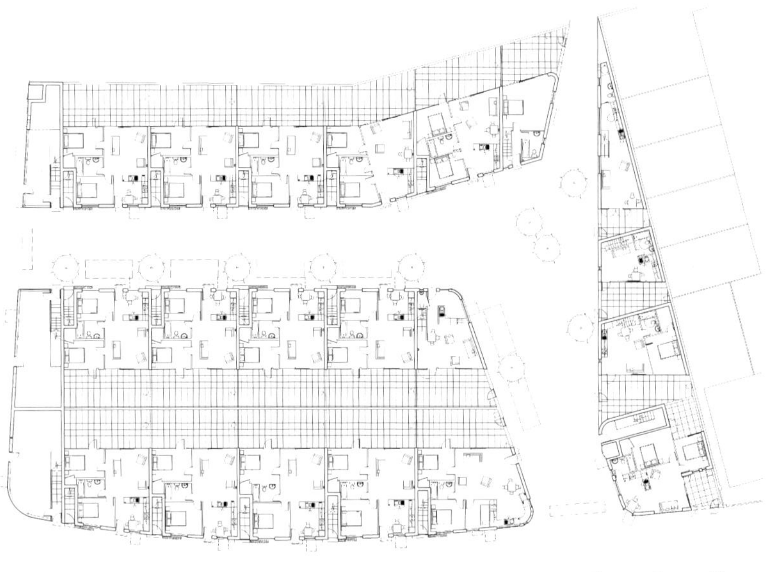

地面层平面图

彼得·巴伯建筑师事务所

173 Kings Cross Road
WC1X 9BZ, London, UK
P+ 44 20 7833 4499
F+ 44 20 7833 4999
perter@peterbarberarchitects.com
www.peterbarberarchitects.com

近年的多层住宅作品

Tanner街大门，伦敦，2007年
Donnybrook住区，伦敦，2006年
Colony住宅，伦敦，2005年

TOO49

TOO49区的位置距离东京的羽田机场很近，这个曾经的国际机场自1931年起只运营日本国内航线。TOO49区位于城市核心区附近，具有成为多功能居住区的基础条件。它的显著标志是北立面的倾斜屋顶。建筑师这样解释利用天然石板做屋顶的用意：屋顶的材质会随着时间流逝产生变化，这样在其使用期间，建筑物就与周边的城市环境同时变化，逐渐融合。16A工作小组直至现在都是设计用于展示的商业空间和区域的专家，出于双重目标设计了该建筑：将二层设计为带私人花园的封闭空间；所采用的屋顶材料旨在向室外开敞，并与自然接触。

整个建筑屋面设计为一个梯形。立面为6层，包括43个工作室和6套双卧室公寓。由于受到屋顶结构的限制，从3层到6层的公寓数量逐层减少。

建筑结构的施工采用预制混凝土，立面用瓷片铺贴。入口门厅的墙面用瓷片和大理石灰浆拼贴，做出浮雕效果的设计。楼板使用预制陶瓷铺砖和耐磨楼板。建筑照明主要依靠埋置在复合木质顶棚上的点光源。顶部3层用木楼板，隔墙为轻质石膏板。内廊设有落地窗和天窗，使得3层以上空间拥有更为充足的自然采光。

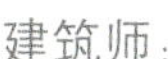

建筑师：

小川达也／16A

用地面积：

1653平方米

公寓数量：

49套

完成时间：

2008年

项目内容：

私人住宅

主要材料：

预制混凝土，黑色石板瓦，

铝，金属丝，大理石，木材

东京，日本

城市面积：621.44平方公里

人口数量：1279万人

人口密度：20581人/平方公里

照片来自

Satoshi Asakawa/Zoom

位置图

49套公寓价值合计324.27万美元。屋顶的天窗设计不规则排列，但是在晚上立面会产生独特的效果。

阳台是由水平方向的可再生混凝土板和垂直方向的、随机定位的金属护栏组成的。

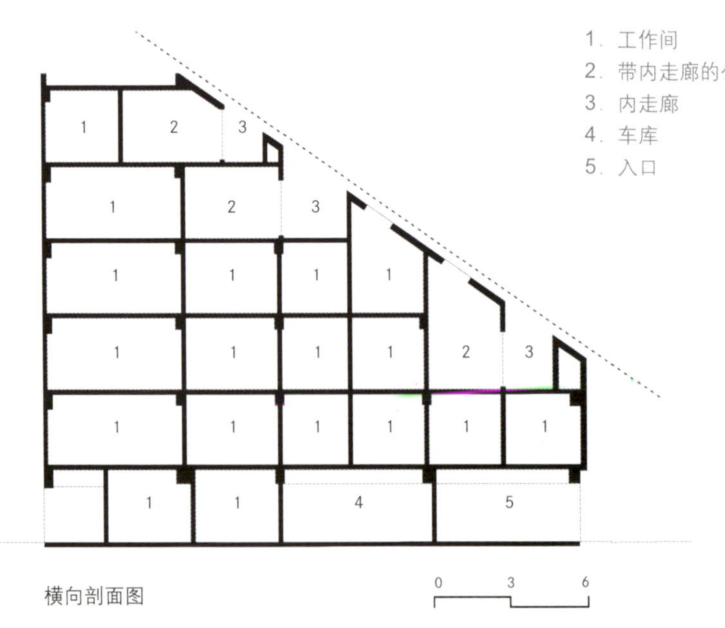

1. 工作间
2. 带内走廊的公寓
3. 内走廊
4. 车库
5. 入口

横向剖面图

东北方向透视图

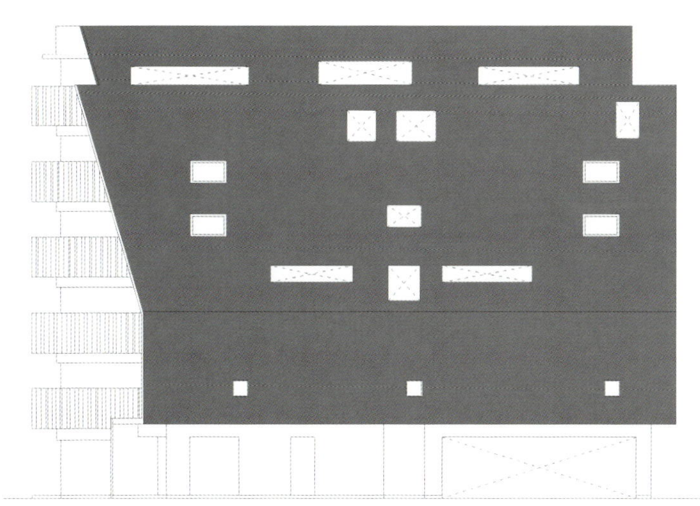

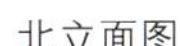

北立面图

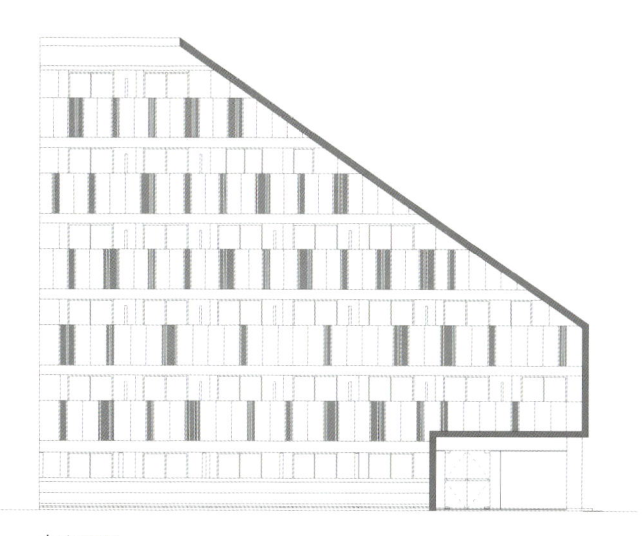

东立面图

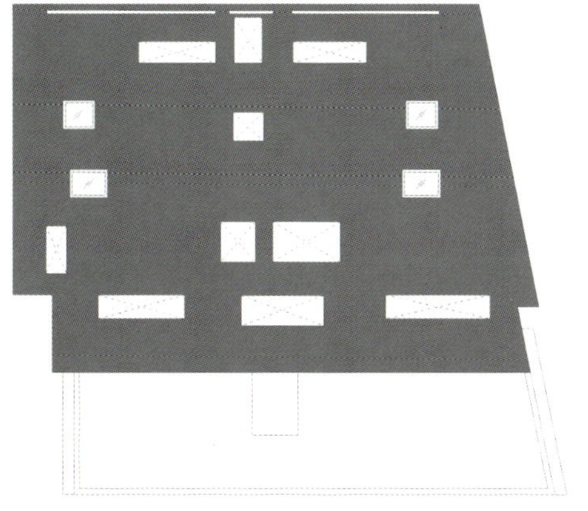

屋顶正视图

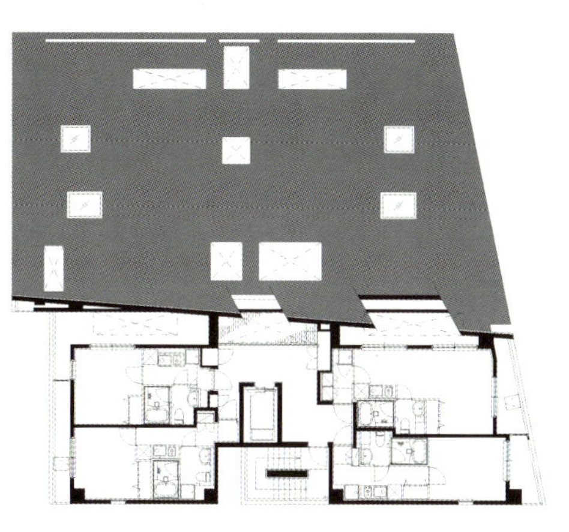

六层平面图

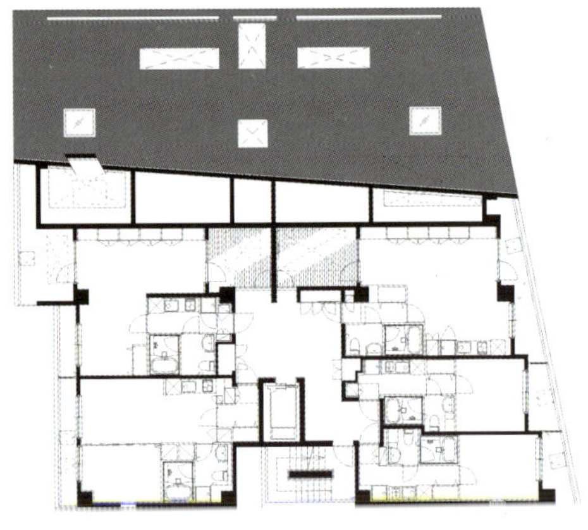

五层平面图

四层平面图

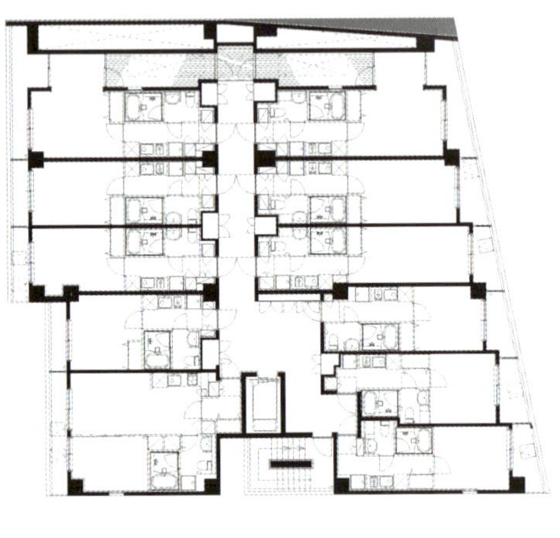

三层平面图

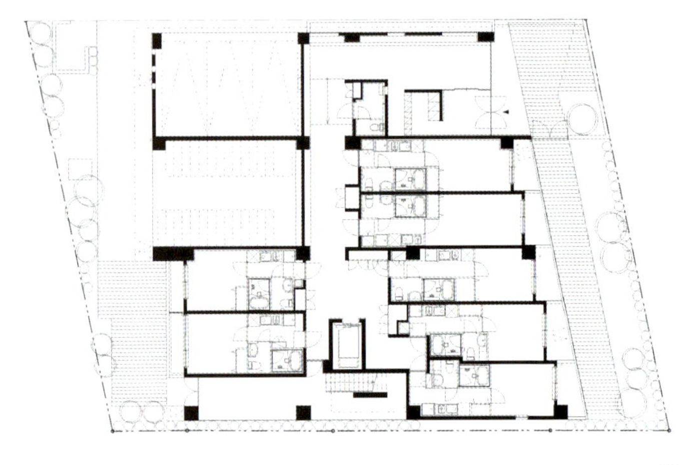

二层平面图

0 4 8

小川达也/16A

401 2-16-2 Takanawa, Minato-ku
108-0074 Tokyo, Japan
P + 81 3 5447 0988
F + 81 3 5447 5478
Info.163@gmail.com
http://www.16a.jp

目前的多层住宅项目

TOO49，东京，2008年

TETRIS公寓

Tetris公寓位于卢布尔雅那的郊区，一个住区的边缘位置，整个住区内大约有650套公寓。被出售给斯洛文尼亚住宅基金会，该基金会旨在推进斯洛文尼亚公共住宅的发展。这些公寓的价格为每平方英尺151.6美元，购买者多为低收入阶层人士。

Tetris公寓以其独特的连廊布置和色彩运用闻名。这种设计的灵感来源于一项流行的电视游戏项目。该设计的理念对复杂的公共住区设计具有特殊意义。因为面对着一条繁忙的高速公路，所有对外的阳台和连廊就不得不位于背向公路的南立面上。而南面有约30° 的斜坡，设计者让阳台和玻璃连廊在南立面上交替出现。

整个建筑58米长、15米宽，共4层，地下两层用来停车。所有的公寓单元都采用灵活的布局方式：带35平方米工作间的公寓，69平方米的双卧室公寓，89平方米的2~5间卧室公寓以及103平方米的三卧室公寓。面积最大的公寓都布置在建筑的北侧。公寓内安装木地板，浴室铺花岗石瓷砖，窗子上安装金属百叶板。

建筑师

OFIS ARHITEKTI

用地面积：

750平方米

公寓数量：

64套

完成时间：

2007年

项目内容：

公共住宅

主要材料：

混凝土楼板，砖，预制装配木板，钢，PVC建材

卢布尔雅那，斯洛文尼亚

城市面积：275.1平方公里

人口数量：27.86万

人口密度：1013人/平方公里

照片来自

Tomaž Gregorič

公寓连地下2层在内共有6层，地下2层的建筑面积为1490平方米，二至五层的面积为2980平方米，室外花坛的面积为460平方米。

立面色彩组合方式的设计灵感来源于电视节目。这是Alekséi Pázhitnov在1985年发明的一个图案，当时他正在莫斯科科学研究院工作。

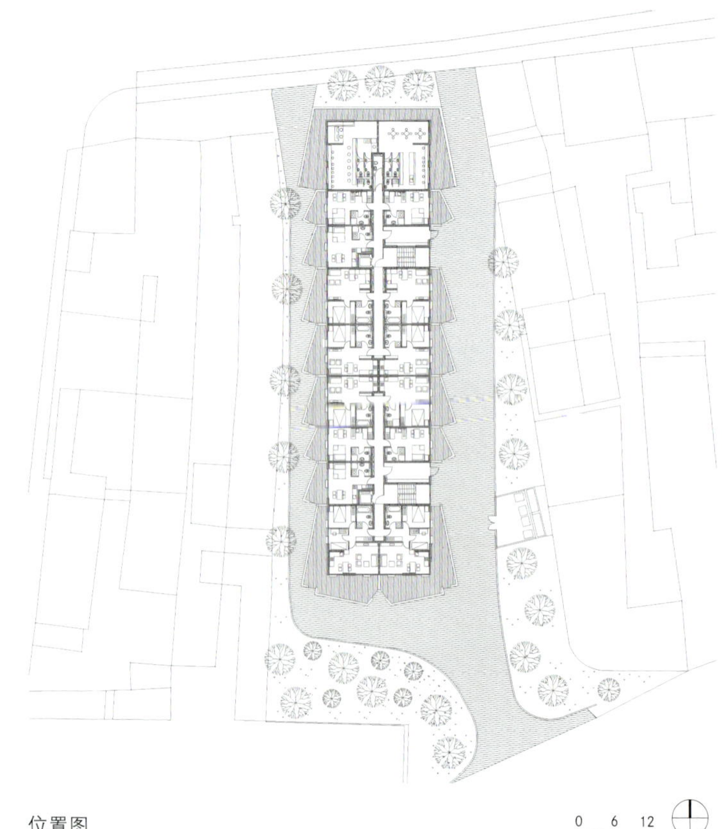

位置图

立面的色彩图案

立面色彩效果细部

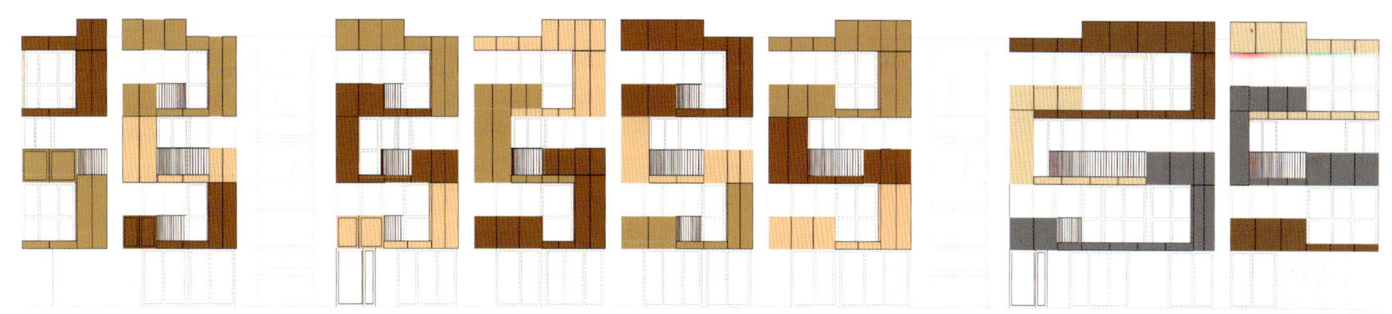

纵向立面图

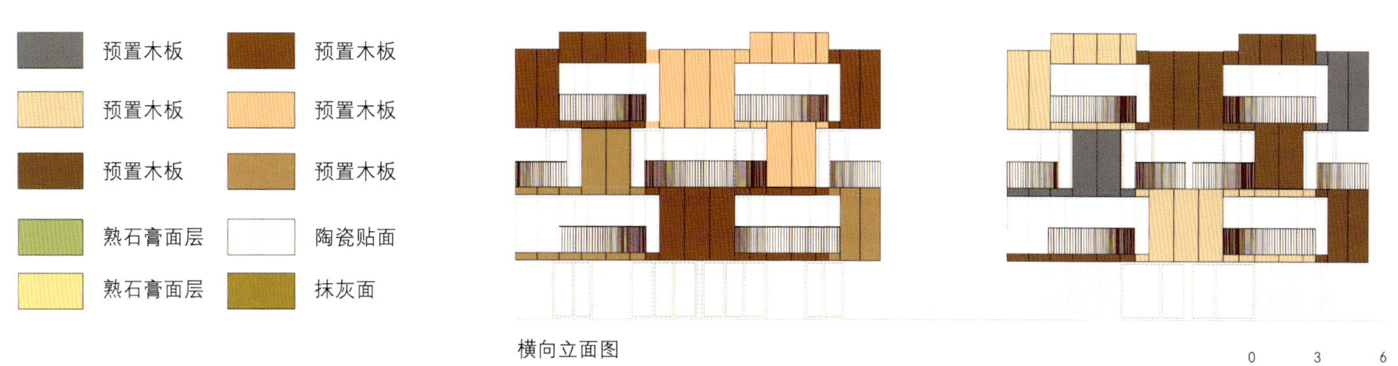

横向立面图

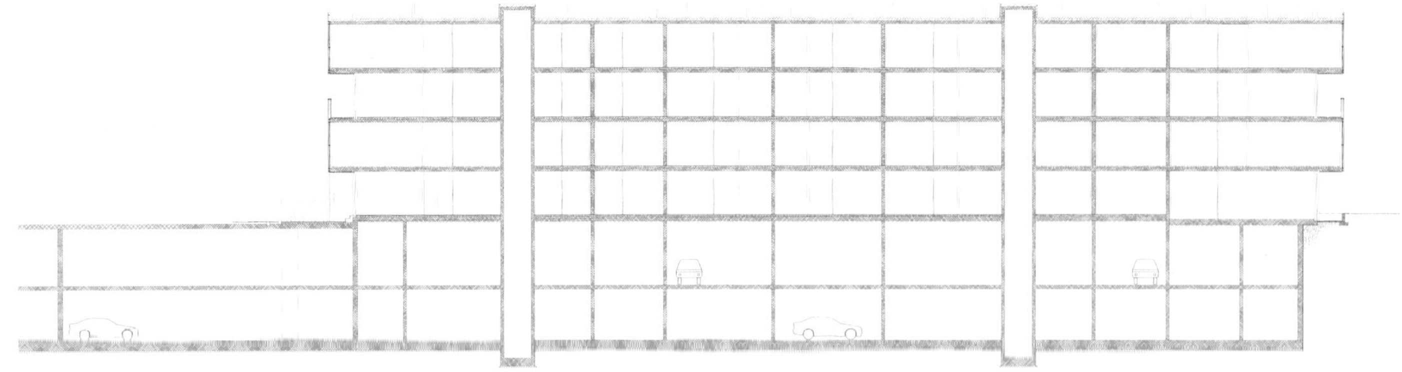

纵向剖面图

停车场纵向剖面图

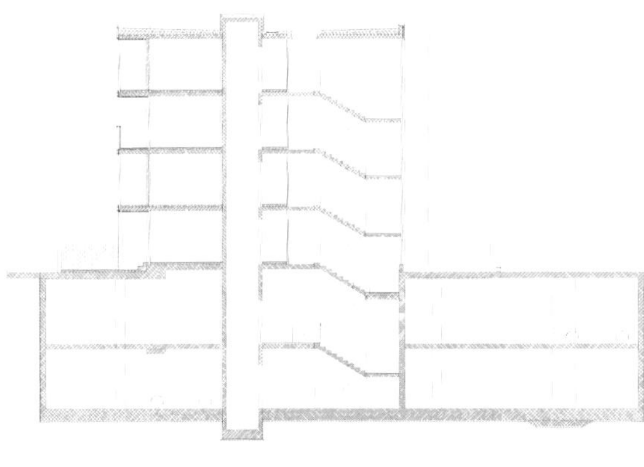

楼梯间横向剖面图

室内的立面用抹灰处理，而室外立面是由三种预制装配木板组合而成的连廊。这三种木板在垂直方向上产生变化。阳台则由预制装配木板和金属围栏构成。

房间内部没有承重墙，这使公寓具有相当的灵活性。整个工程耗时20周，花费420万美元。

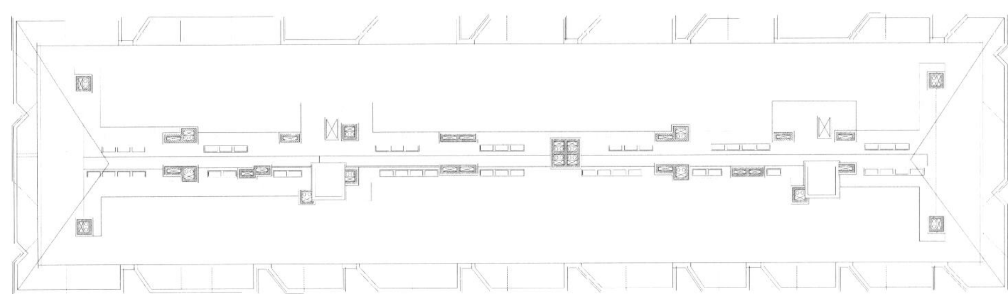

屋顶平面图

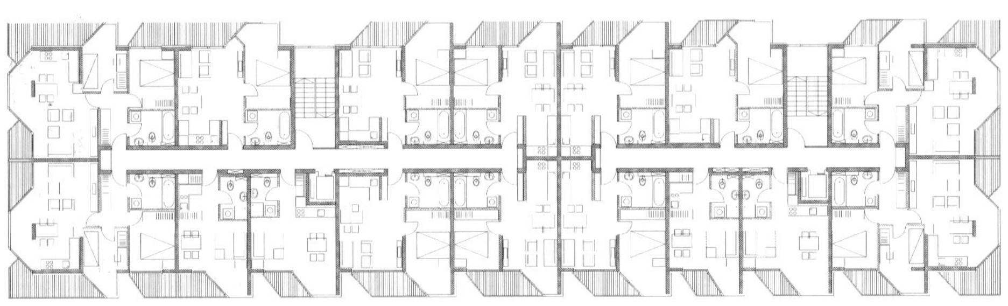

三层平面图

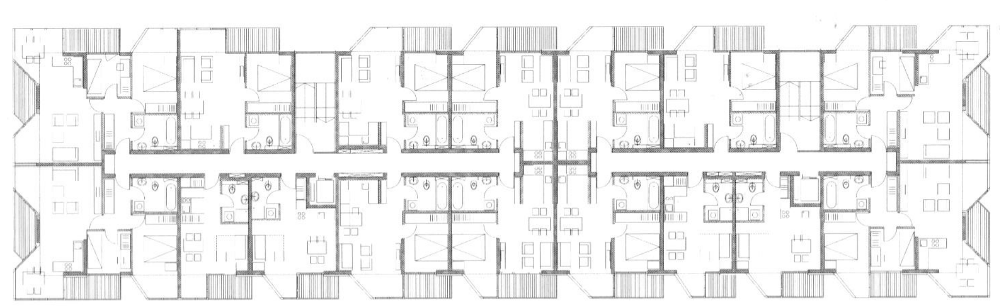

二层和四层平面图

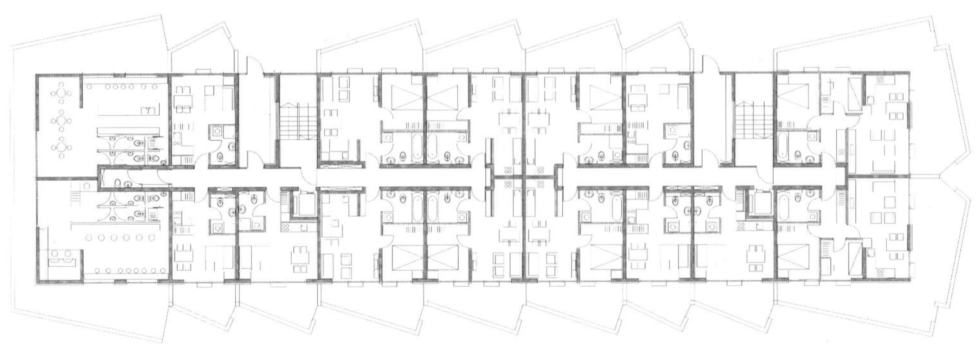

地面层平面图

OFIS ARHITEKTI

Kongresni trg 3
1000 Lubiana,Slovenia
P + 3861426 00 84
F + 3861426 00 85
ofis@ofis-a.si
www.ofis-a.si

近年的多层住宅项目

Nova Gorica公寓，Nova Gorica，2008年
Hayrack公寓，Cerklje，2007年
Tetris公寓，卢布尔雅那，2007年
Shopping Roof公寓，卢布尔雅那，2007年
公寓650号，卢布尔雅那，2006年
海岸居住区，Izola，2005年
16×68区，Lubiana Koseze，2001年

Zengin Bahçe住宅社区

Kemerburgaz和Göktürk被认为是伊斯坦布尔目前为数不多的郊区之一。而与其他郊区住宅区所不同的是：它的住宅区建设是以组团形式展开。这里原有的绿地、树木和军用训练场是建设这两处卫星城郊的理想场所。社区建设参照现有的城市住宅模式，即结合了土耳其奥斯曼风格和更多的意大利与西班牙居住区的典型特征。建筑师在某种程度上尊重这里的历史，但同时赋予它更多的现代特征。

由于紧邻一条繁忙的高速公路，整个社区的建设围绕中心庭院展开。在弧线以内的社区范围，住宅公寓楼呈扇形排列，这样的设计在伊斯坦布尔的社区规划中是不常见的。在设计过程中，建筑师挖掘出了一系列此类住宅单元设计的潜在价值。

住区公寓面向东、南和东南方向，因此二、三层的别墅排列也不会影响中心庭院的采光效果。

大部分的社交、运动和娱乐活动场地位于地下一层，这样不会影响整体的视线效果，也不会对中心庭院的室外空间形成噪声的干扰。在大部分的住宅公寓建筑中，利用大玻璃窗来提高建筑正立面的采光效果。

建筑师：

ADNAN KAZMAOĞLU

用地面积：

25000平方米

建筑面积：

13590平方米

公寓数量：

65套

完成时间：

2005年

项目内容：

私人住宅+公共设施+公园设施

主要材料：

混凝土，石灰岩，陶砖和铝

Kemerburgaz / Göktürk，

伊斯坦布尔，土耳其

城市面积：1538.8平方公里

人口数量：1003.48万

人口密度：6521人/平方公里

照片来自

Riza Aydan Turak

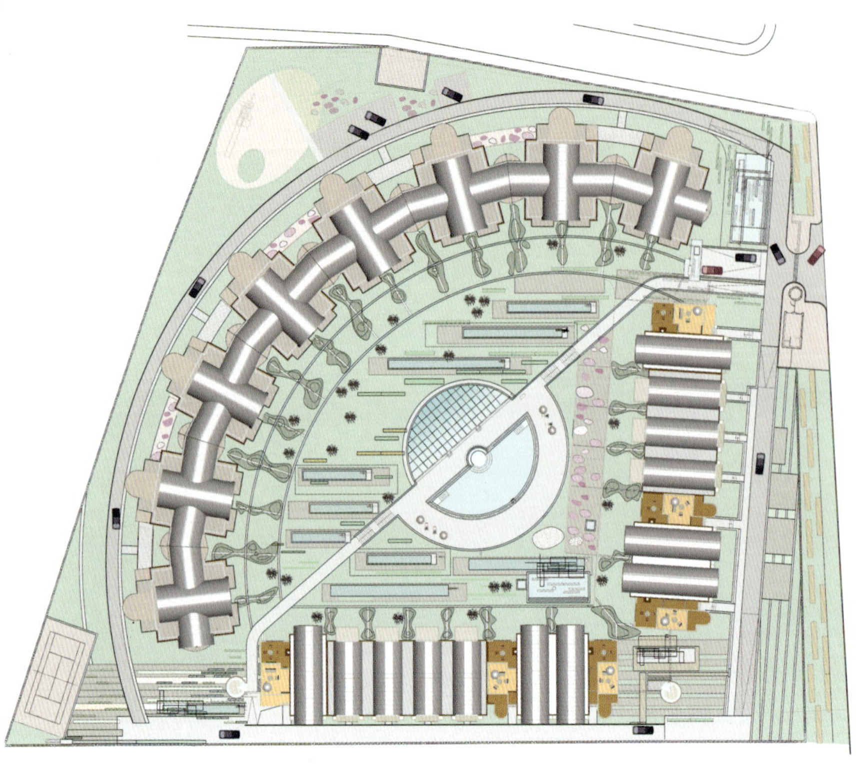

位置图

0 10 20

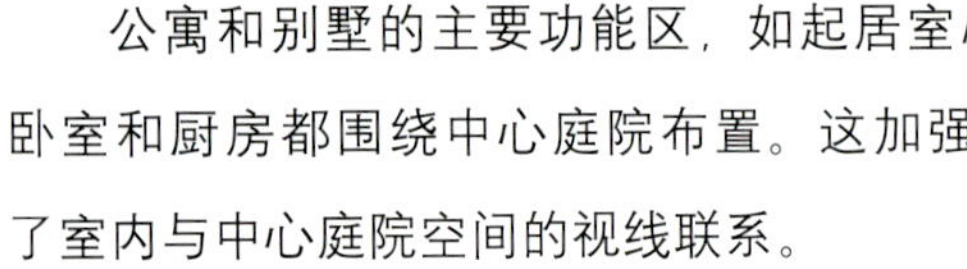

公寓和别墅的主要功能区，如起居室/卧室和厨房都围绕中心庭院布置。这加强了室内与中心庭院空间的视线联系。

别墅以凉廊或阳台连接厨房空间，顶层卧室设计为拱形顶棚和大玻璃窗，以保证室内最大的采光量。

公寓单元布置图

0 10 20

A1
A2
A3
A4
A5
A6
A7
A8
B1
B2
B3
B4
B5
B6
B7
C1
C2
C3
C4
C5
C6
GARAJ MERDIVENI
0 10 20

地下层平面图

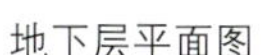

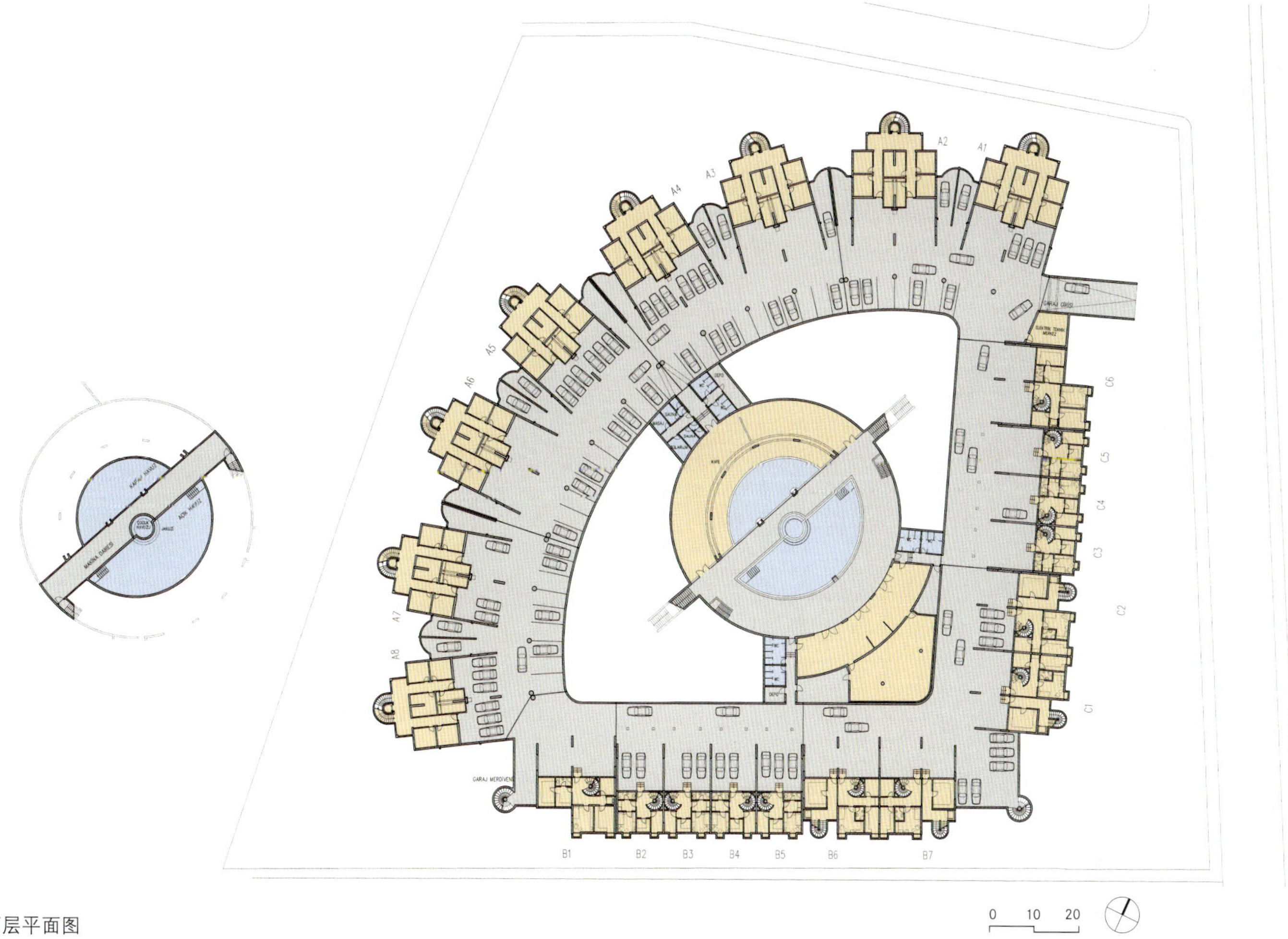

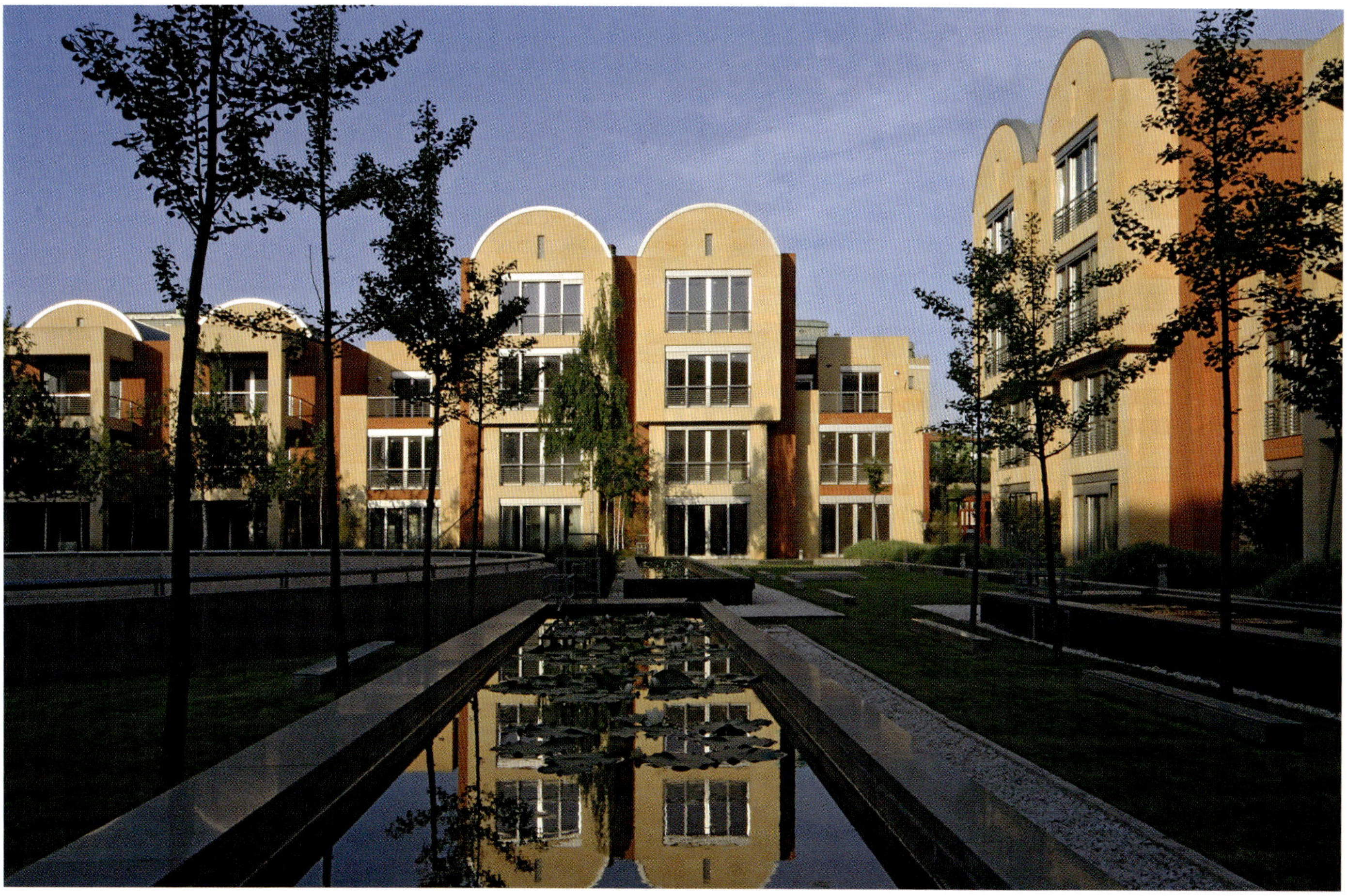

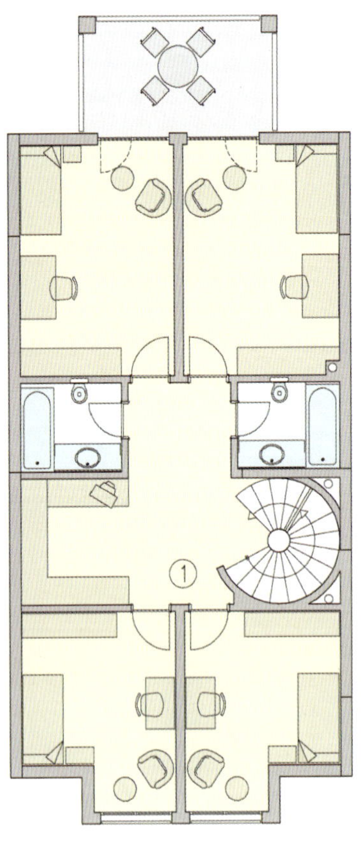

联排别墅B2，B3，C3，C5四层平面图

联排别墅B2，B3，C3，C5二层平面图

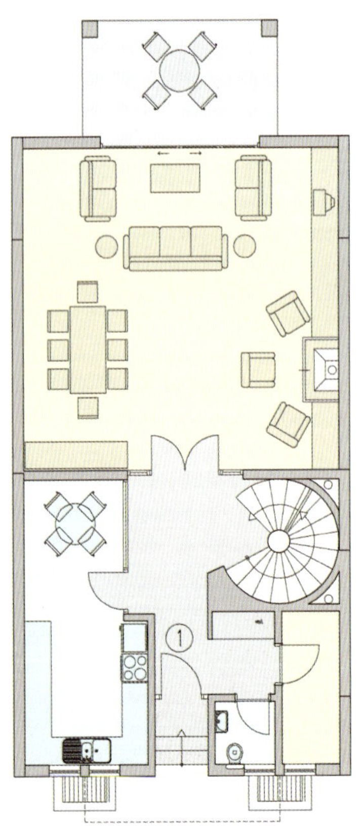

联排别墅B2，B3，C3，C5三层平面图

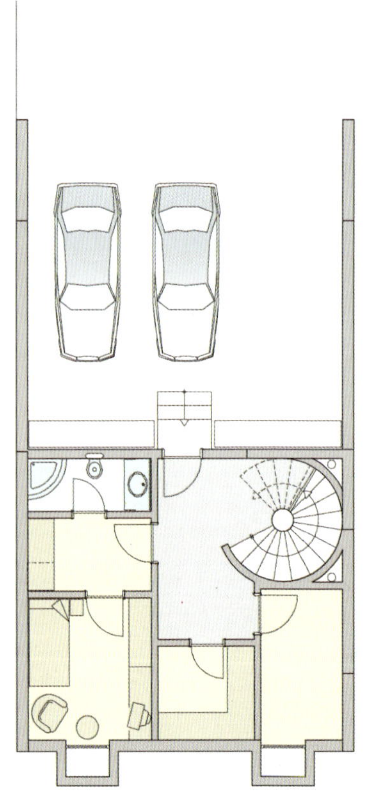

联排别墅B2，B3，C3，C5地下层平面图

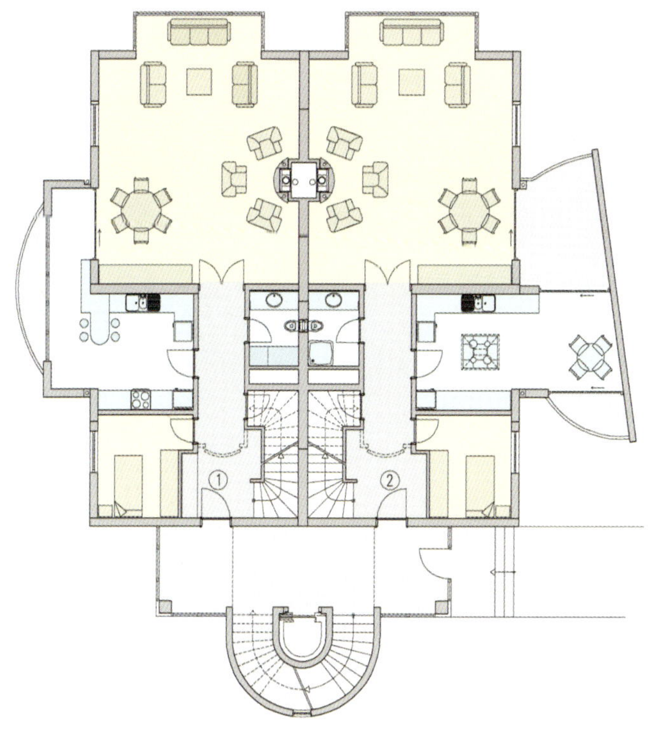

花园复式公寓地面层平面图

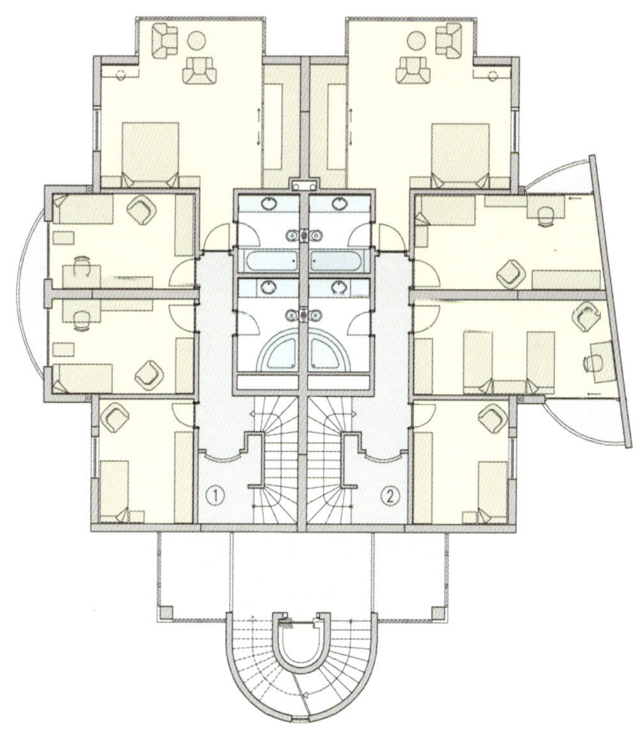

花园复式公寓二层平面图

地面层和二层有内部连接的阳台，以保证在不同楼层中视线和功能的连续。

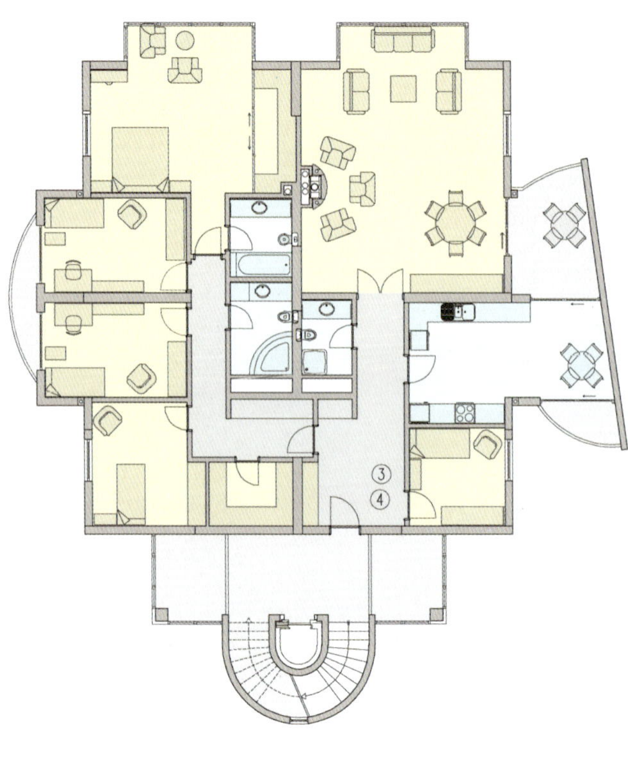

A1户型三、四层平面图

0 2 4

联排别墅C1二层平面图

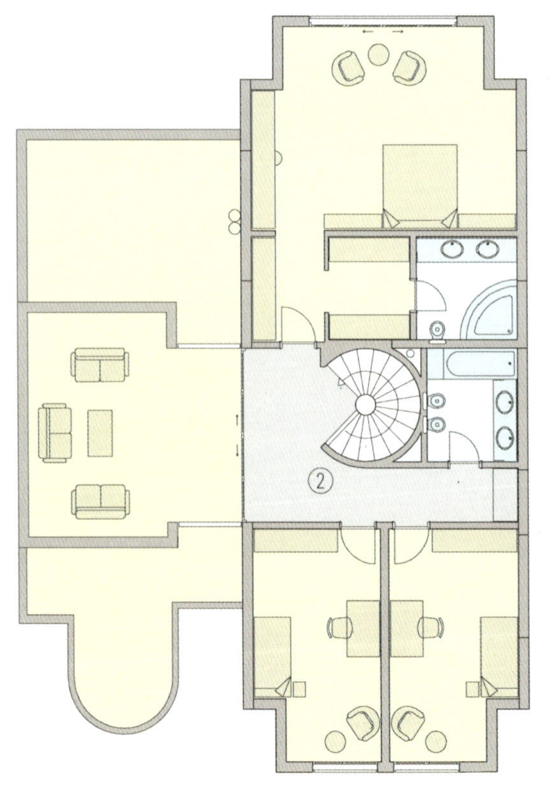

联排别墅C1四层平面图

0 2 4

ADNAN KAZMAOĞLU

Valikonağl cad. No:173
Yapi Kredi Vakl f Binasi
Kat.5 Daire.4 Nişantaşı Istanbul, Turkey
P. + 90 212 232 77 95
F. + 90 212 232 72 34
info@adnankazmaoglu.com
www.adnankazmaoglu.com

近年的多层住宅作品

Zeytinburrnu Merkez住宅（第三期），伊斯坦布尔，2008年
Lagün 伊斯坦布尔住宅，Samandira，伊斯坦布尔，2008年
Loca Bodrum住宅，Bodrum，Muğla，2008年
Canan住区，Dudlullu，伊斯坦布尔，2008年
Aquavilla Samandira住宅，Samandira，伊斯坦布尔，2008年
Galatown住区，Gebze，Kocaeli，2008年
Zeytínburnu Merkez住区（第一期），Zeytinburnu，伊斯坦布尔，2008年
Terrace Fulya住区，Şişli，伊斯坦布尔，2008年
My World住区与城市发展计划，Ataşehir，伊斯坦布尔，2007年
千禧年公园别墅，Kurtköy，伊斯坦布尔，2006年
Istinye Hillpark住宅，Istinye，伊斯坦布尔，2005年

金字塔公寓大楼

两座引人注目的、有82套不同大小的公寓的金字塔形状的建筑反映出阿姆斯特丹Marcanti岛的三角形轮廓，这个项目由Achmea Vastgoed投资的。

曾经的工业及制造区，Westpark区现在是阿姆斯特丹的一个日渐重要的区域。建筑师Soeters Van Eldonk在Galenstraat路穿过这个三角形的"岛"的轴线上设计了一个都市发展规划。除了反映岛屿的形状，金字塔形还暗含着阶梯形山墙的传统荷兰建筑的形式。这个看起来与众不同的居住建筑由两个紧密相连的三角形塔楼组成。由于大块的退台，大量的豪华公寓设置在七层以上，以便住户能够清楚地观赏整个城市。而且，每个公寓都有自己的屋顶花园。在较低的楼层，也是建筑体块较宽的部位，是连接庭院和Galenstraat路的一个前导。这也成为交通噪声的缓冲区。下层建筑作为广场的入口成为社会文化交往的场所。一个大型的停车场设计在公共庭院下面。六个大烟囱标识出了广场的入口，但更主要的是用作地下停车场的通风设施。

建筑师：

Sjoerd Soeters/Soeters Van Eldonk建筑师事务所

用地面积：

17269平方米

建筑面积：

12928平方米

公寓数量：

82套

完成时间：

2006年

项目内容：

住区开发

（住宅，停车场和商业零售）

主要材料：

预制混凝土构件，

现浇混凝土，砖

阿姆斯特丹，荷兰

城市面积：219.1平方公里

人口数量：75.5万

人口密度：4459人/平方公里

照片来自

John Lewis Marshall

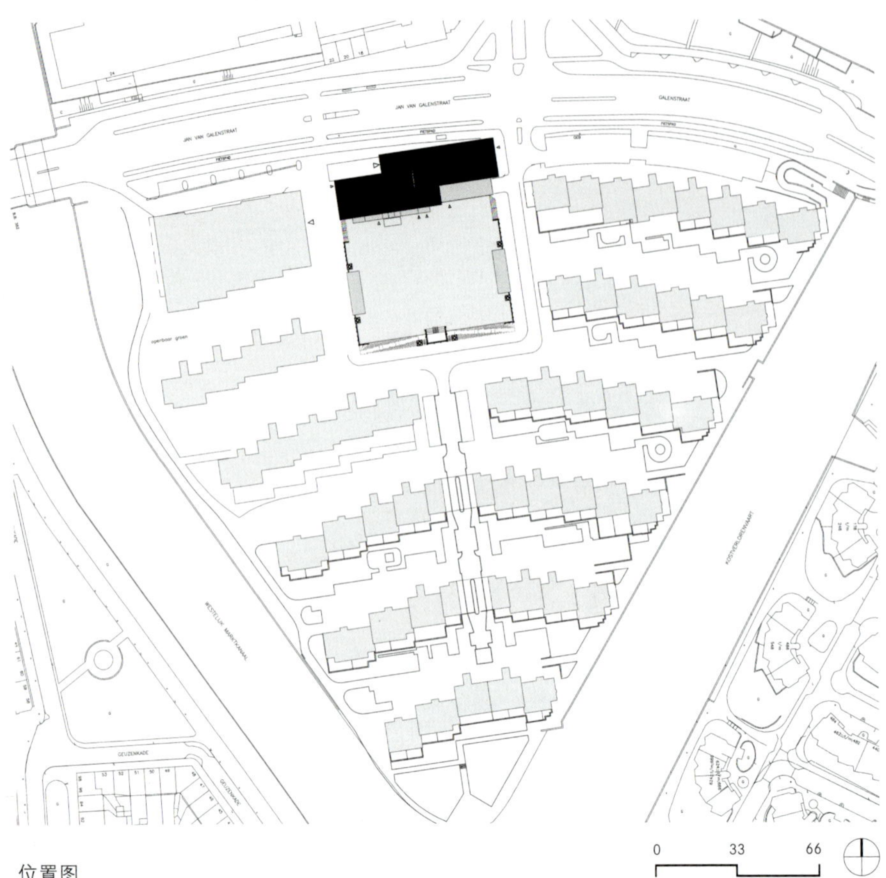

位置图

0 33 66

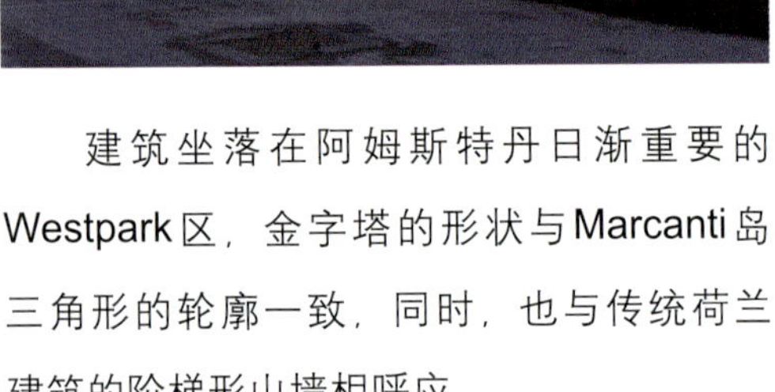

建筑坐落在阿姆斯特丹日渐重要的Westpark区，金字塔的形状与Marcanti岛三角形的轮廓一致，同时，也与传统荷兰建筑的阶梯形山墙相呼应。

金字塔公寓大楼有82套大小不同的公寓，七层及以上的每套公寓都有屋顶花园，能享受壮丽的城市景观。

正立面图

0 5 10

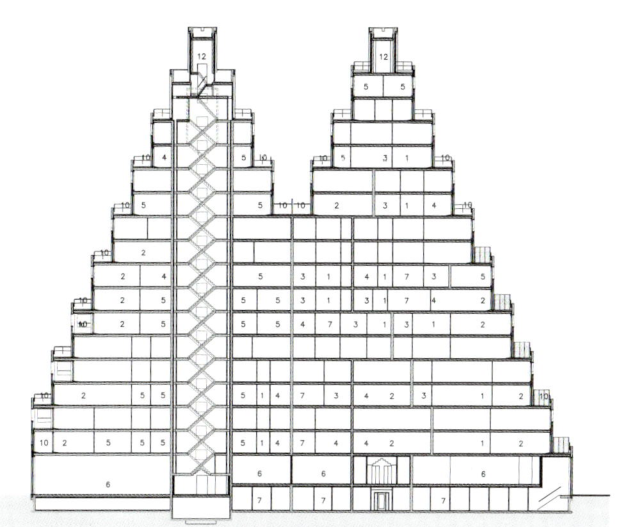

纵向剖面图

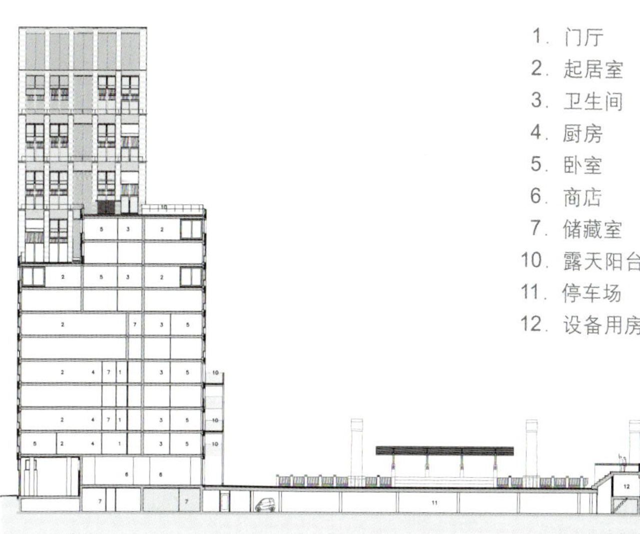

横向剖面图

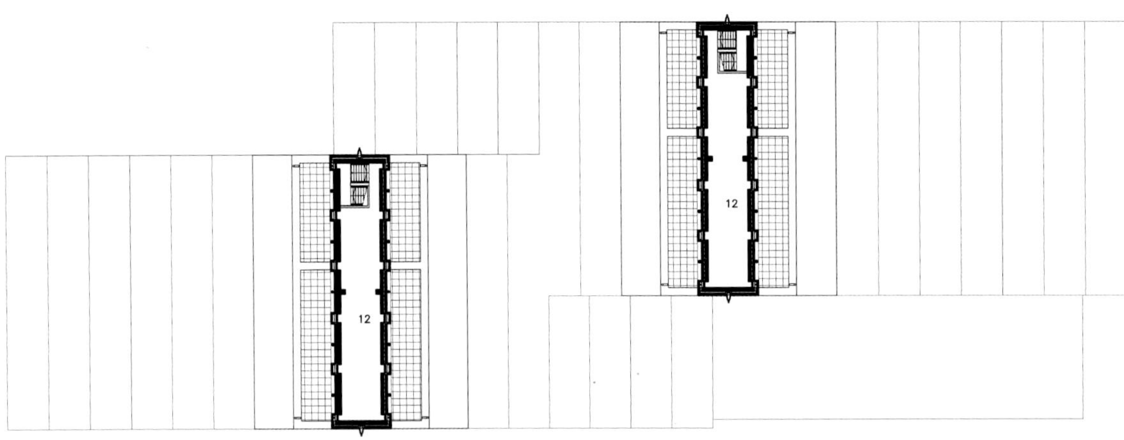

十八层平面图

十七层平面图

十六层平面图

1. 门厅
2. 起居室
3. 卫生间
4. 厨房
5. 卧室
6. 商店
7. 储藏室
10. 露天阳台
12. 设备用房

0 4 8

十二至十五层平面图

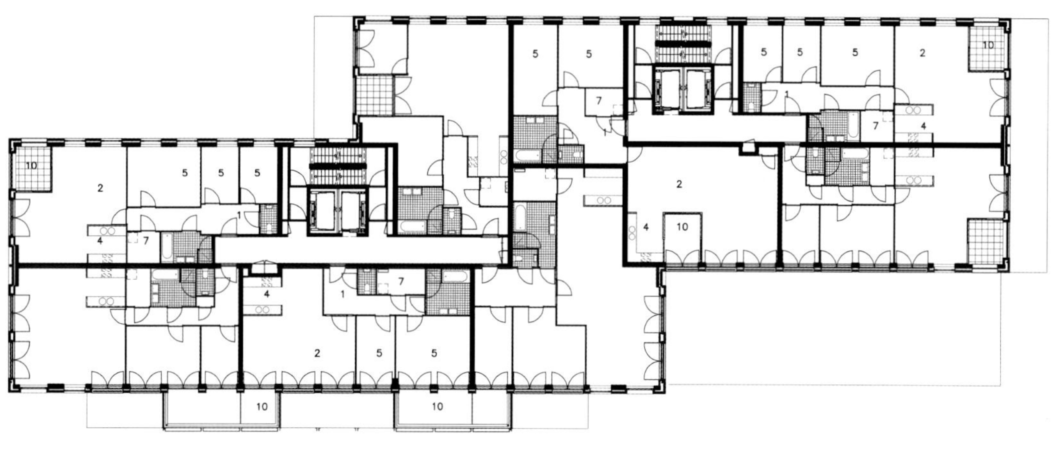

三层平面图

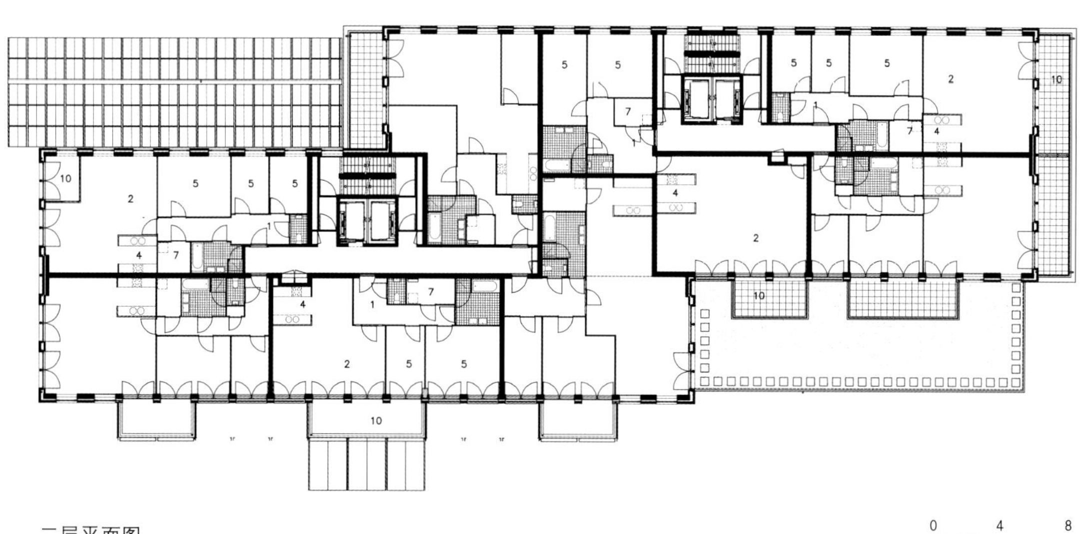

二层平面图

1. 门厅
2. 起居室
3. 卫生间
4. 厨房
5. 卧室
6. 商店
7. 储藏室
10. 露天阳台
12. 设备用房

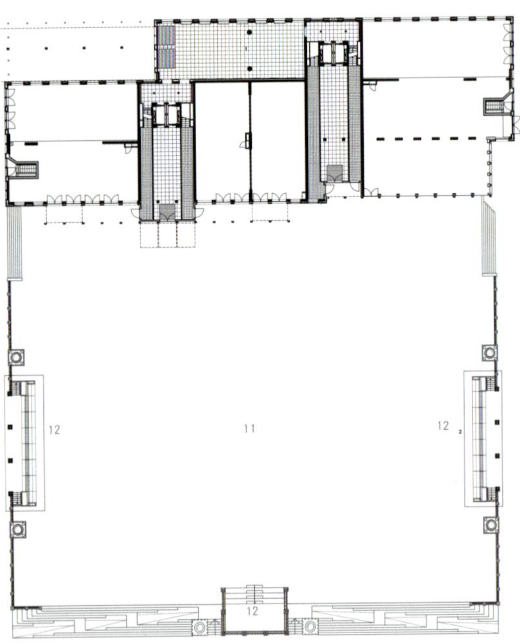

地面层平面图

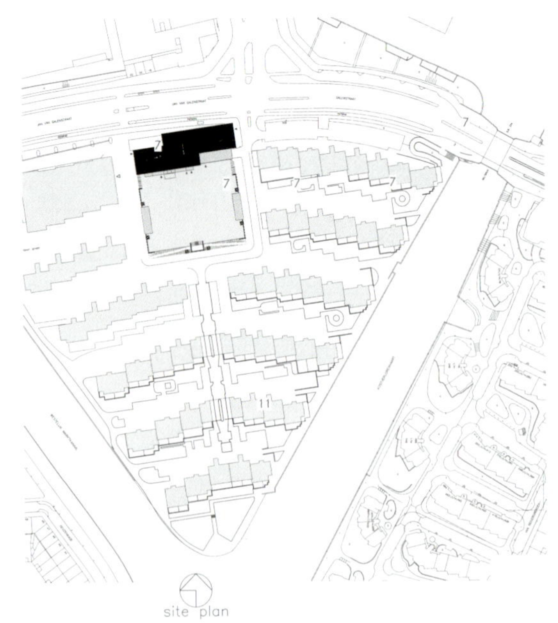

总平面图

7．储藏间
11．停车场
12．设备用房

在立面上空间的分配是根据建筑的朝向而定。窗是正立面和背立面上的关键要素，其开口和设置方式决定了露天平台和阳台的形状。

Sjoerd Soeters/Soeters Van Eldonk建筑事务所

Kerkstraat 204
1017 GV Amsterdam,
The Netherlands
P. + 31 20 624 29 39
F. + 31 20 624 69 28
communicatie@soetersvaneldonk.nl
www.soetersvaneldonk.nl

近年的多层住宅作品

Groot Hoogelande 35套奢华公寓，Wassenaar，2007年
H区Kidholm公寓，哥本哈根，2007年
Sluisstraat 25套公寓，Veghel，2006年
B区Sluseholmen公寓，哥本哈根，2006年
金字塔公寓大楼，阿姆斯特丹，2006年
Leliënhuyze Castle住区67号，Haverleij，Den Bosch，荷兰，2002年
Skoatterwâld住区54号，Heerenveen荷兰，2002年
Watringse Veld住区450号，Den Haag，2001年
Deelplan Vlek 7和11住区136号与商业空间，Leidschenveen，Den Haag，2000年
Deelplan De Vis住区137号，Leidschenveen，Den Haag，2000年

圣塔菲塔楼

塔楼位于近年来快速发展的墨西哥城区之中。圣塔菲是墨西哥城的金融和商业活动的中心地，对于办公空间和豪华公寓有不断发展的需求。

在城市的快速发展中，费尔南多·罗梅罗工作室受委托设计一座34层、包含100套公寓的大楼。这座塔楼还包括一整套为住户服务的设施，如游泳池、健身房、会议室、桑拿房和其他场所。

建筑师所面临的挑战是创造一个满足业主需要的优质工程。

塔楼每层仅有三个面积为158平方米的公寓。因为采用全景窗，建筑能够享受的空间延伸到了墙外。在建筑的四角，最初设计了曲面玻璃把中断的景观接续在一起，但是由于钢材价格上涨，造价过大，建筑师不得不调整预算和发挥创造力，以解决外部的闪烁和透明问题。在室内，空间的分配形成了立面的连续。卧室设计成规整的长方形，而起居室位于曲线区域。

浴室、服务性空间和交通空间布置在建筑物的内部，这样交通空间就集中在一个独立的区域里。

建筑师：

费尔南多·罗梅罗

用地面积：

28000平方米

公寓数量：

100套

完成时间：

2004年

项目内容：

私人住宅

主要材料：

钢筋混凝土，玻璃，不锈钢面层

墨西哥城，墨西哥

城市面积：1485平方公里

人口数量：883.6万

人口密度：5950人/平方公里

照片来自

Paul Czitrom

建筑师的意图在于用连续不断的不锈钢和玻璃表面创造一种有机的建筑形式。没有直角的建筑形体如同一颗拉长的钻石。

塔楼的地下空间设计有公共和服务区域，以及地下停车场。建筑使用钢筋混凝土，每层设置有2套或3套公寓。

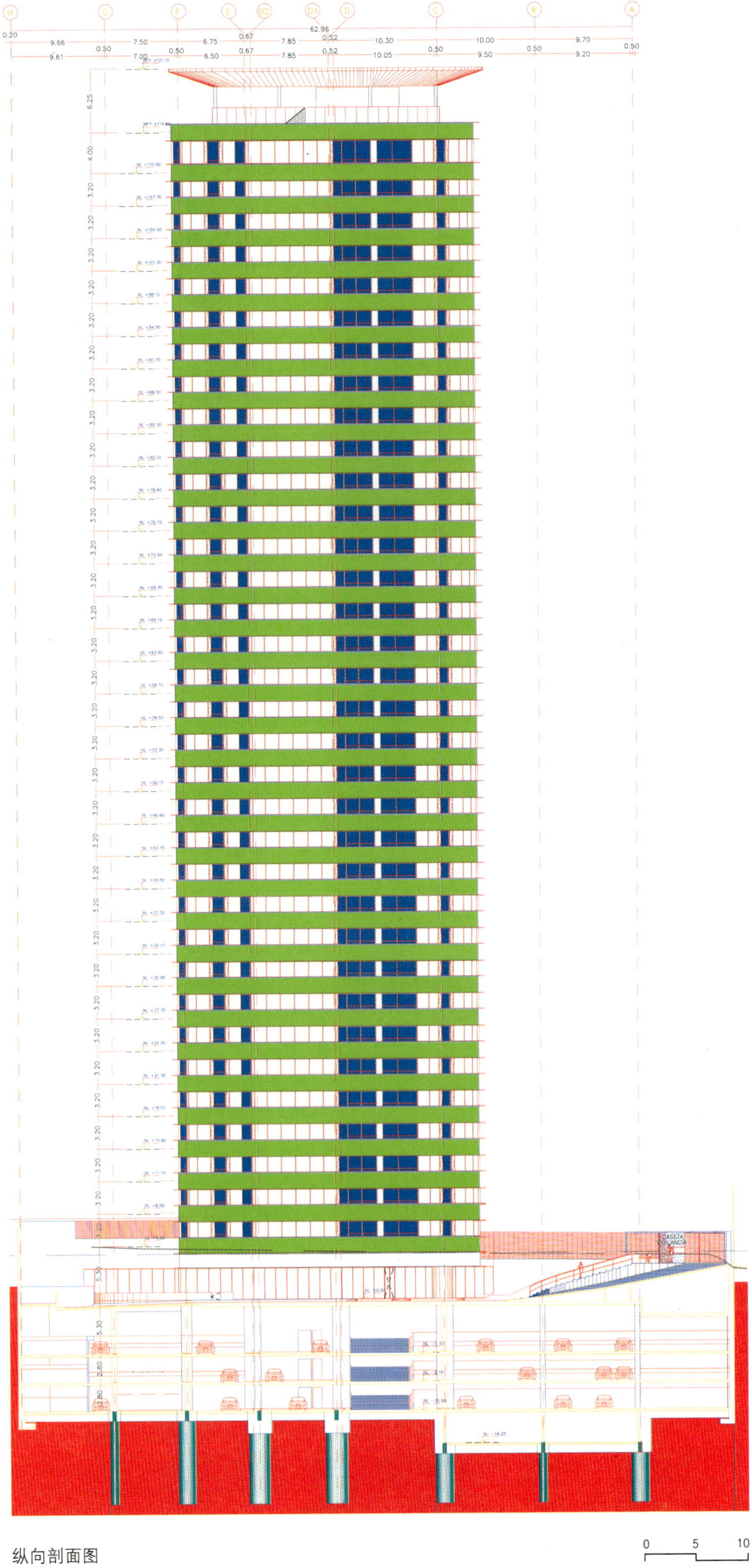

纵向剖面图

0　5　10

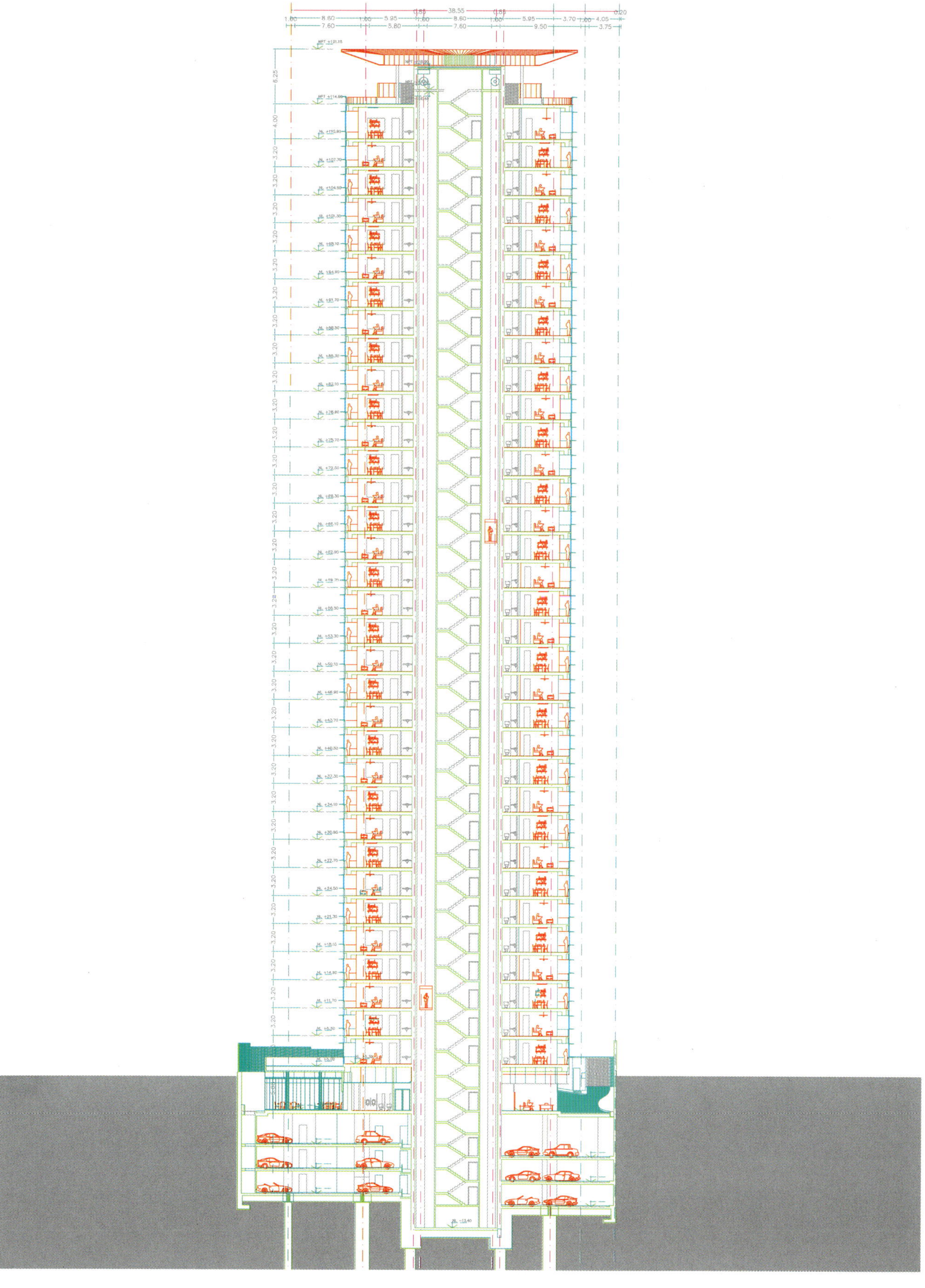

横向剖面图

0 4 8

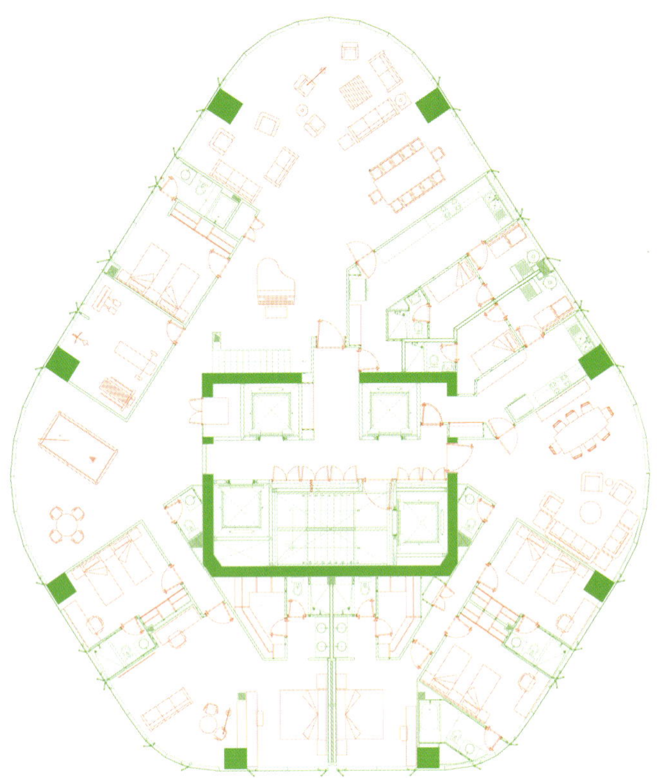
两种户型的典型平面图

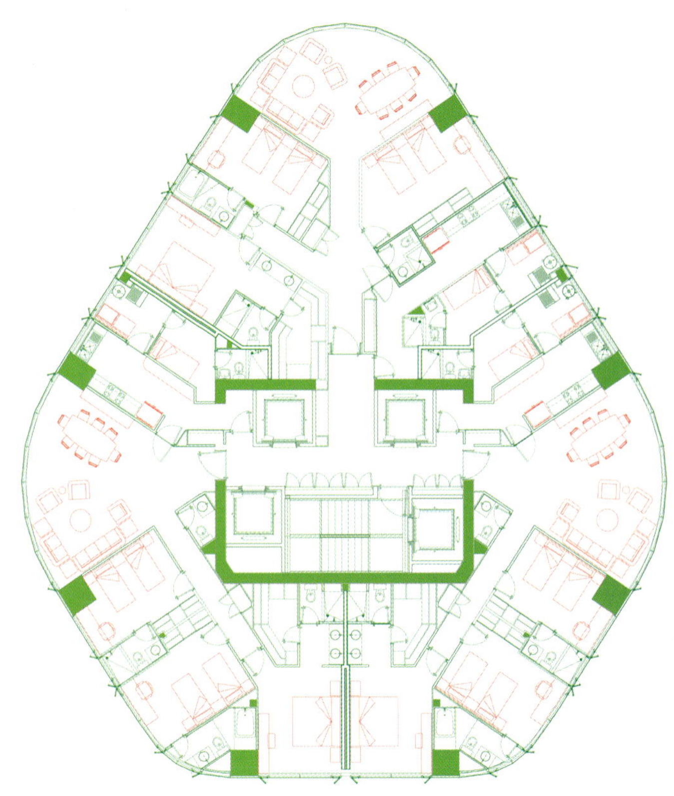
三种户型的典型平面图

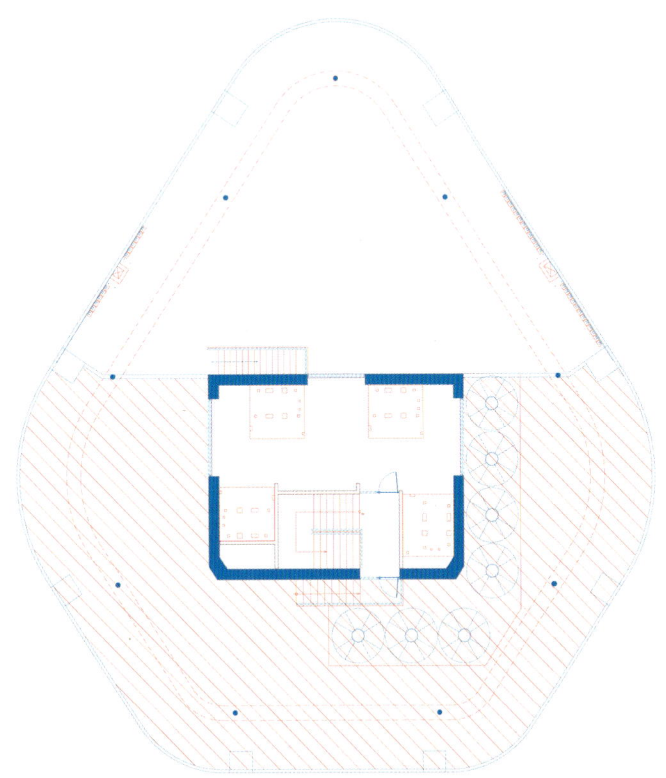
屋顶平面图

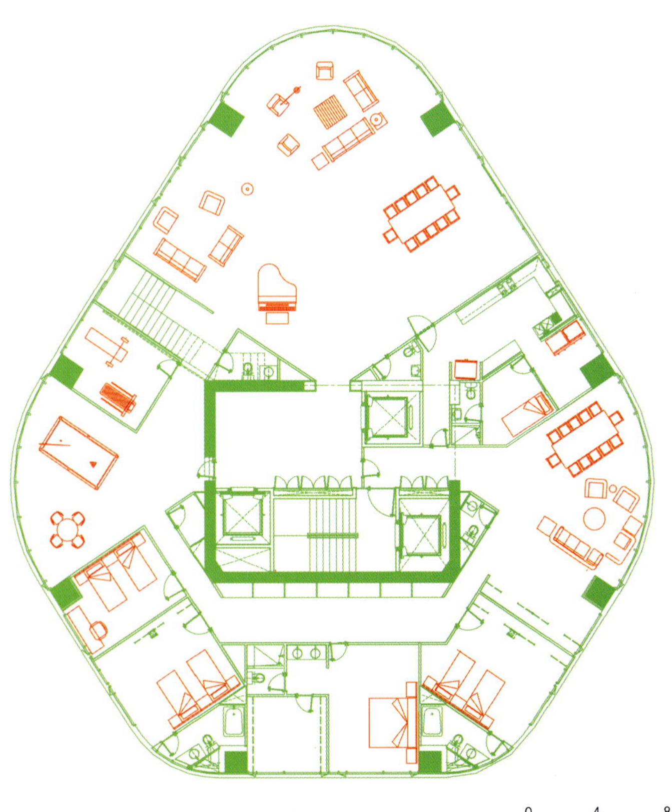

三十五层平面图（顶层豪华公寓）

每套公寓面积为158平方米，由于立面的透明效果看起来更大一些，还可以享受这个人口众多的城市的鸟瞰景观。

塔楼的表皮以钢和玻璃这类高技术材料为主，在相邻的银行办公大楼和高级的公寓大楼之中闪着微光。

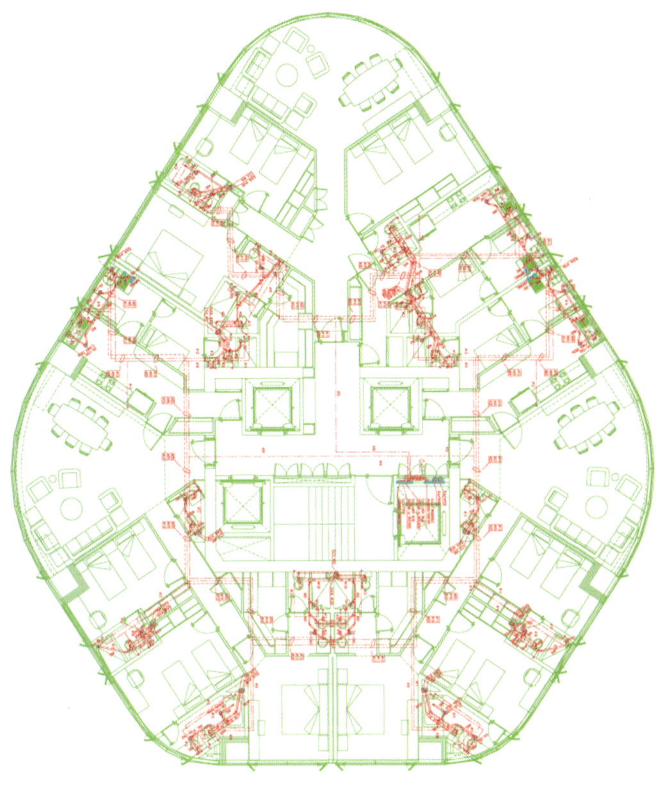

给排水系统平面图

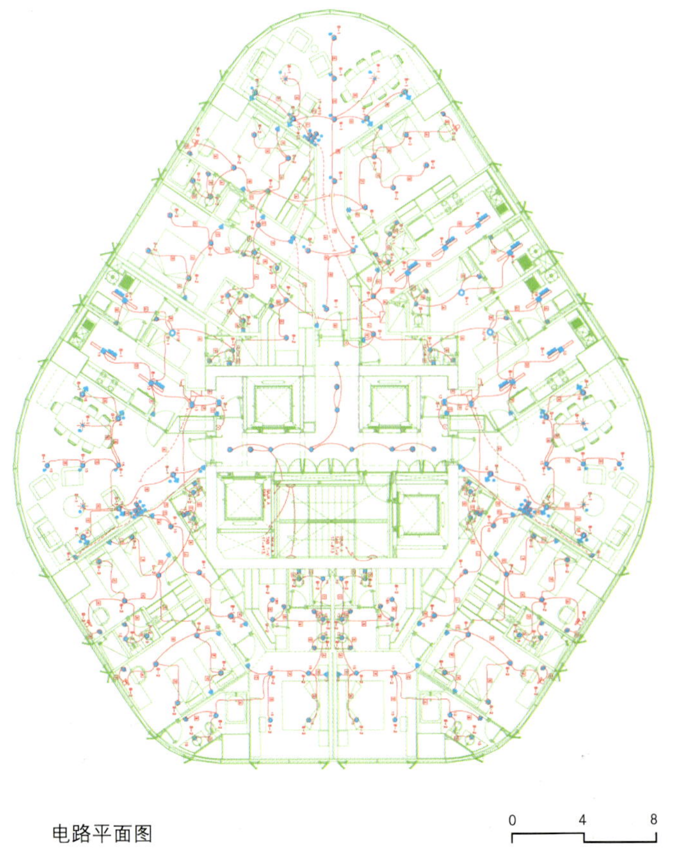

电路平面图

结构上采用钢筋混凝土，表皮为不锈钢和玻璃，总造价达2701.3万美元。

费尔南多·罗梅罗

Gral.Fco. Ramirez 5b Col.
Ampliación Daniel Garza,
México.D.F.11840, México
P. + 52 55 2614 1060
F. + 52 55 2614 1060 est.101
lar@lar-fr.com
www.lar-fernandoromero.com

近年的多层住宅作品

Alameda广场公寓，墨西哥城，2005年
圣塔菲塔楼，墨西哥城，2004年
La Roma艺术家公寓，墨西哥城，2000年

AUSTRALIE-BOSTON 公寓

Oostelijke Handelskade的半岛形港口地区密布的旧仓库具有显著的工业建筑特征。该地区属于Rapp＆Rapp的城市发展规划中的一项。该项计划旨在将整个港口区域改造成居住区，并在与整体景观设计相一致的基础上，建造不同风格的住宅建筑。为力图达到新旧建筑相协调的效果，由DKV建筑事务所改造的19世纪仓库建筑Australië就是一个成功改造的典范。

项目建设的过程中遇到很多困难。2003年，工程进行了一段时，Australië仓库遭遇火灾，由于它在整个改造计划中作用重要，不得不进行重建。新建的部分呈U形围绕Australië仓库，这使建筑的每个位置都面对仓库，凸显了旧建筑的重要性。

建筑的底层设置为商业功能，公共花园则位于建筑U形连接部位的顶层。其余各层共有130套公寓，包括由旧仓库改建的40套和新扩建的90套。Australië仓库的开放式结构将支撑钢柱暴露在外，是一种完美的LOFT风格呈现。这种设计理念同样应用于新建部分，因此尽可能地缩小服务空间的面积。外立面展现出建筑的浅色混凝土结构，在连接开放空间的同时，混凝土的浅色调也与水平方向上的砖的色泽相得益彰。正对内庭院的立面上，朝向花园的阳台表面都设计为木材质，内庭院中使用重复的布局方式，创造出更加人性化的空间感受。

建筑师：

DKV建筑师事务所

用地面积：

3280平方米

公寓数量：

130套

完成时间：

2005年

项目内容：

私人住宅，零售商业

公园设施

主要材料：

钢结构，清水砖，木材和铝材框架，钢制栏杆，

混凝土地面（仓库）；

钢筋混凝土，预制混凝土，铝合金窗，不锈钢栏杆（新建建筑）

阿姆斯特丹，荷兰

城市面积：219平方公里

人口数量：75.53万

人口密度：4459人/平方公里

照片来自

Luuk Kramer

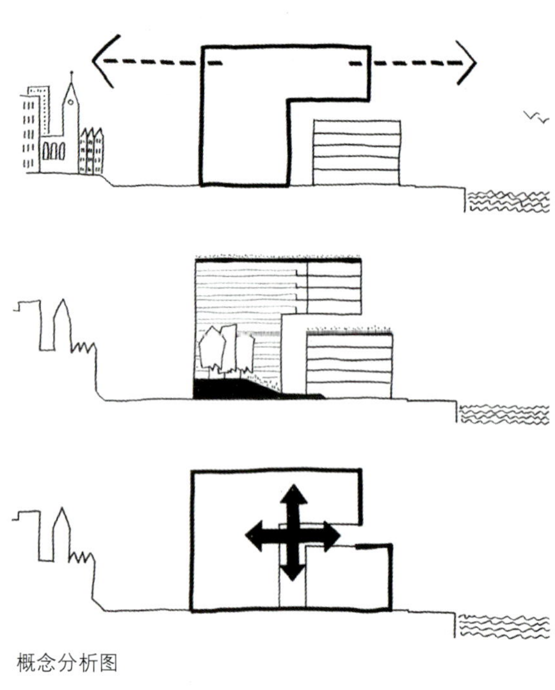

概念分析图

DKV建筑事务所为这个19世纪阿姆斯特丹码头的工业建筑注入了新的生命，成功地将Australië仓库改建成130套公寓。

旧仓库屋顶加建的部分采用悬挂式结构，减轻了体量对下部结构的重力作用。新建建筑的一层部分做商业使用。

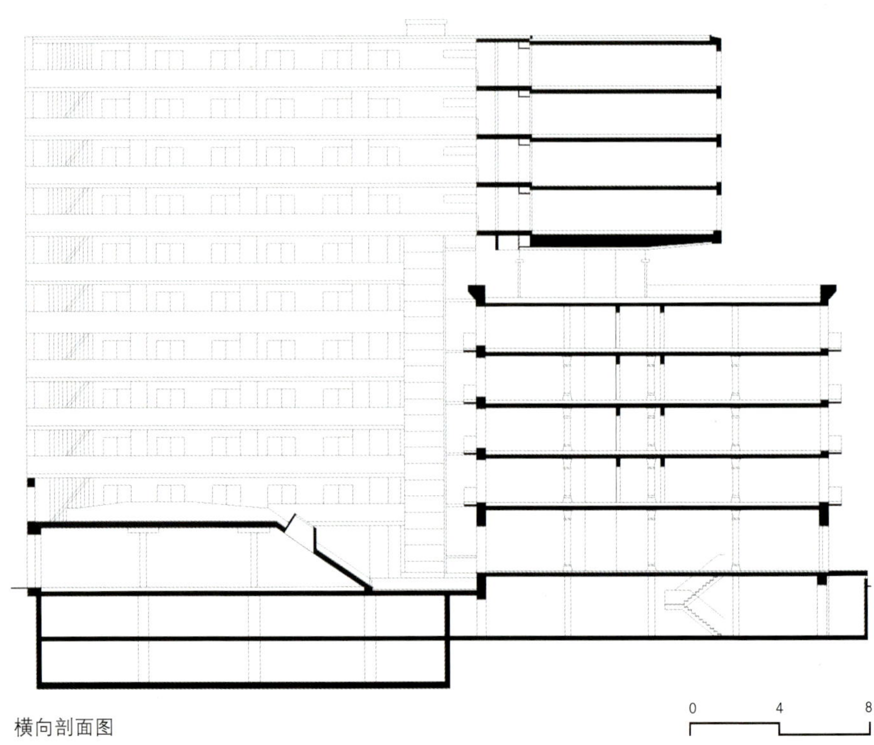

横向剖面图

0
4
8

纵向剖面图

Kwaliteit is te huur.
Wonen in Boston
vesteda
TE HUUR: BOSTON
UNIEKE
BEDRIJFSLOCATIE
NABIJ 'T IJ
NAS

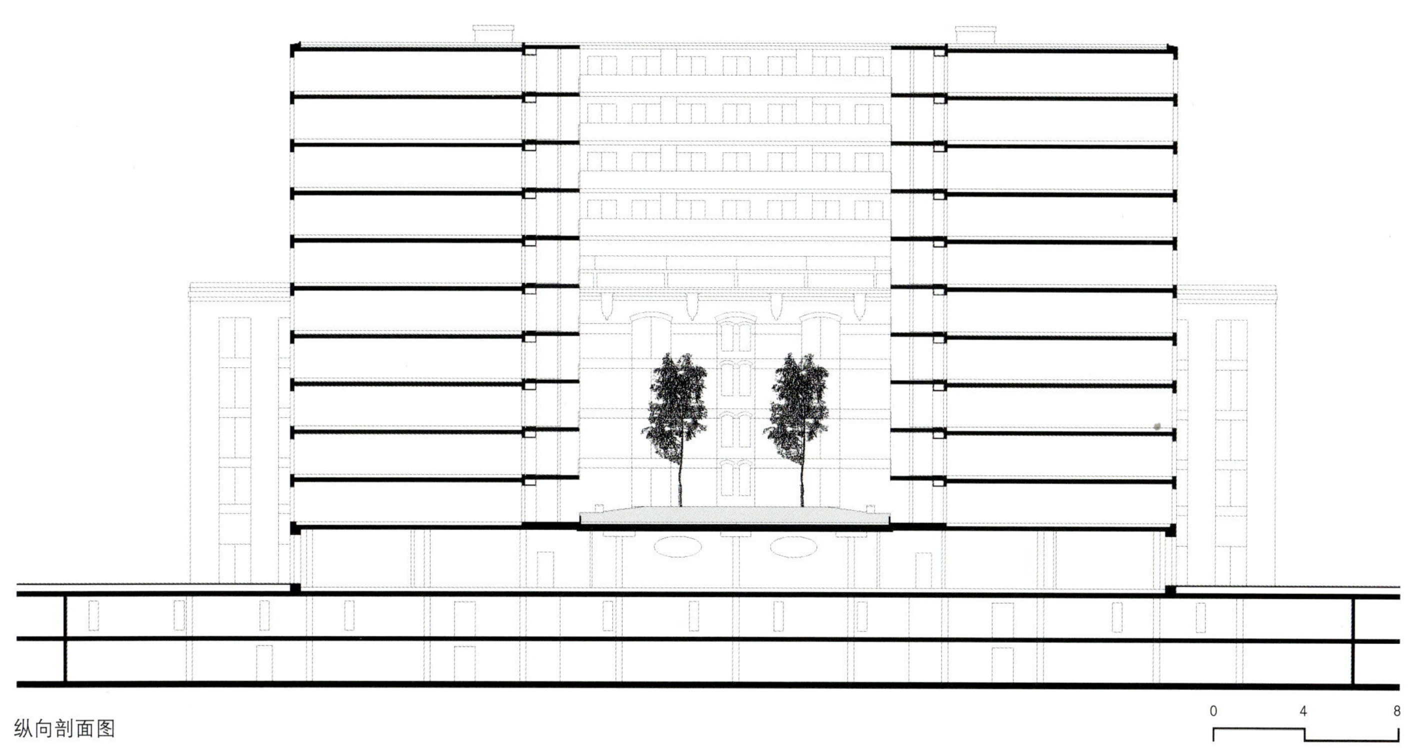

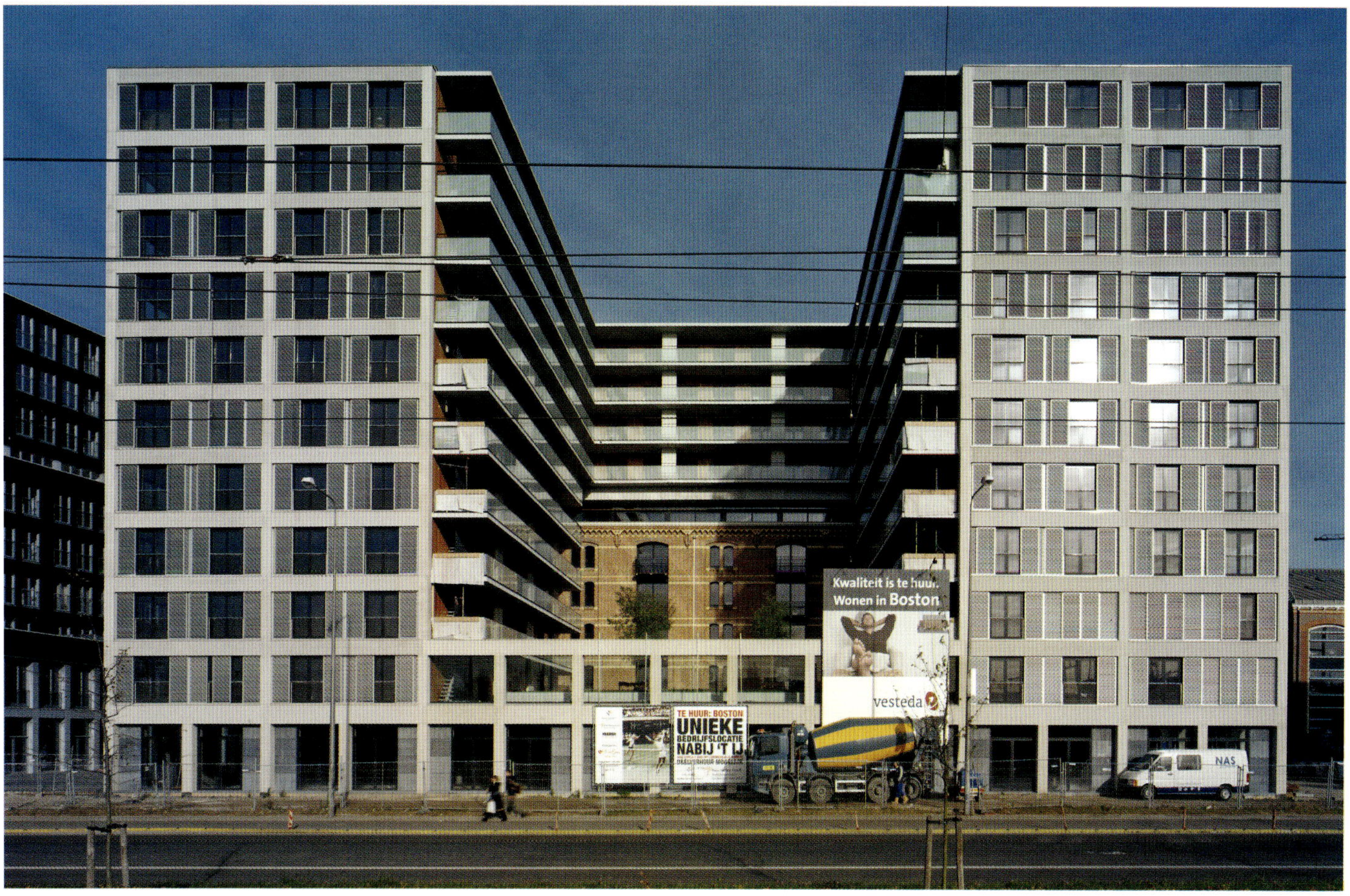

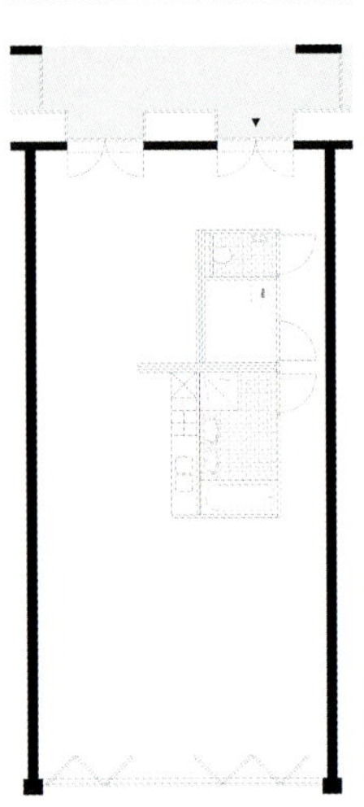

地面层平面图

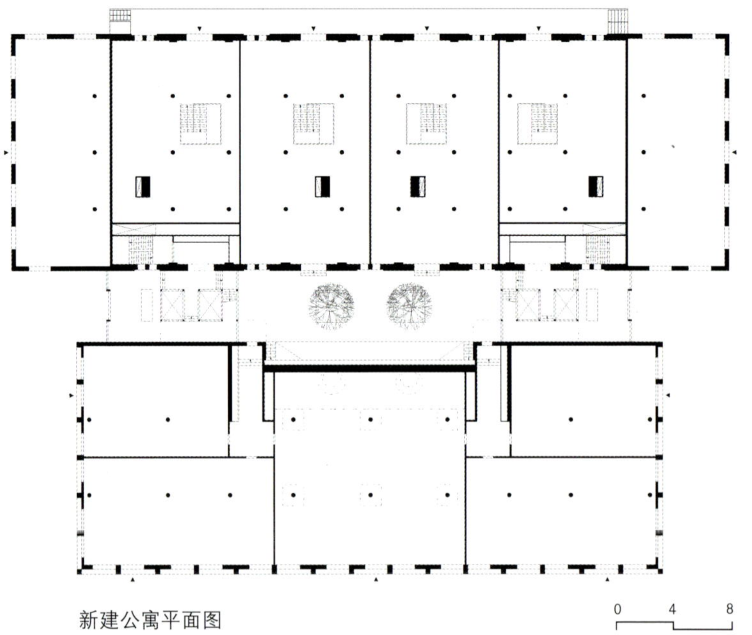

新建公寓平面图 0 4 8

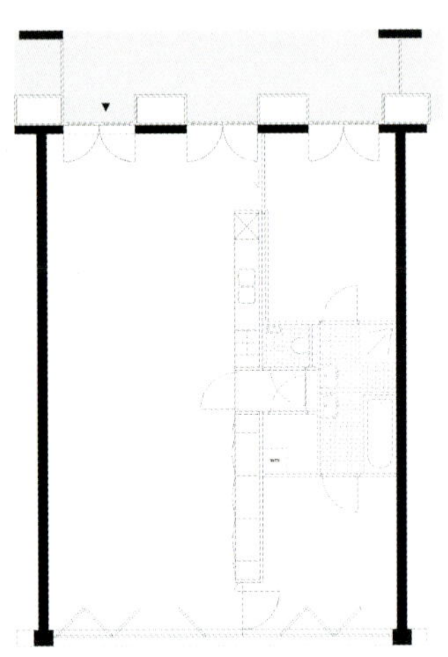

原有建筑平面图——顶层豪华公寓

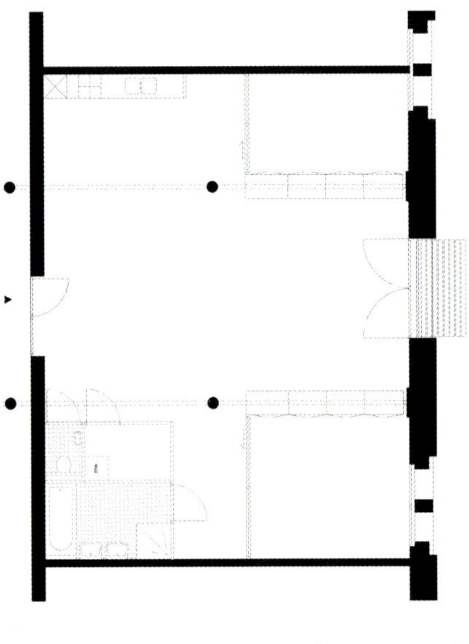

原有建筑平面图——标准公寓 0 2 4

DKV 建筑师事务所

Schiedamsedijk 42
3011 ED, Rotterdam, The Netherlands
P. + 31 10 413 82 43
F. + 31 10 414 08 41
info@dkv.nl
www.dkv.nl

最近的主要多层住宅作品

Ijburg 公寓，阿姆斯特丹，2008 年
Het Funen 公寓，阿姆斯特丹，2007 年
Noorderplassen West 公寓，阿尔梅勒，2007 年
Hoge Veld 公寓，海牙，2007 年
Schutterstoren Meer and Oever，阿姆斯特丹，2007 年
Pieter Calandlaan 公寓，阿姆斯特丹，2007 年
Quirijn 大道公寓，提耳堡，2007 年
Midden Crescent，阿帕多恩，2006 年
A-10 strook，Overtoomse Veld Noord，阿姆斯特丹，2006 年
Noorderbaken，Hoogvliet，2006 年
Strandweg，Hoek van Holland，2006 年

AIR公寓

该建筑是一栋37层的塔式高层住宅楼，在昆士兰黄金海岸东部的绿洲商贸中心的尽端。高层住宅内设有134套公寓、1个健身俱乐部、1个带游泳池的景观花园以及1个位于商贸中心顶层的网球馆。

建筑共有三个组成部分，其中大约两层的水平体块是豪华的双层公寓。整个体量的设计能够使视线从商业中心过渡到塔式高层住宅。建筑的主体由两部分组成，朝东的较大的菱形塔式高层和朝西的较小的矩形附属塔式高层。两个体块的设计能够尽可能缩小建筑物的体量，并且使得墙面以不同的方式连接，避免相互之间视线的干扰。

整体建筑设计以结合环境特征作为发展策略，为住户创造了四季舒适的低能耗空间。北面和东面的向内深凹的阳台把热辐射降至最低，而玻璃面层能够确保即使在冬季、起居室区域也享受得到充足的阳光。西立面则遍布水平和垂直方向的百叶窗。所有的住宅单元都有大面积的落地玻璃窗，室内都能够享受到充足的自然光线。

建筑形式的设计非常利于空气流通。两部分塔式高层的进深都只能容纳一个住宅单元，每层端部的住宅单元通过走廊与中心位置的服务区相联系，因为中间部位的住宅单元大部分是两层高，所以在入户走廊的位置设计成通高空间，使得空气能够流通至上一层的卧室。大面积的屋顶为太阳能面板的安放提供理想位置，应用太阳能面板为公寓提供热水并保障公共空间的照明。

建筑师：

伊万·摩尔建筑师事务所

用地面积：

20000平方米

建筑面积：

3688平方米

公寓数量：

134套

完成时间：

2005年

项目内容：

私人住宅+公共设施+零售商业

主要材料：

钢筋混凝土结构框架，

铝合金面层，

自动可控铝合金百叶窗，

石质地板砖

黄金海岸，昆士兰州，澳大利亚

城市面积：1730648.2平方公里

人口数量：418.21万

人口密度：2人/平方公里

照片来自

Rocket Mattler

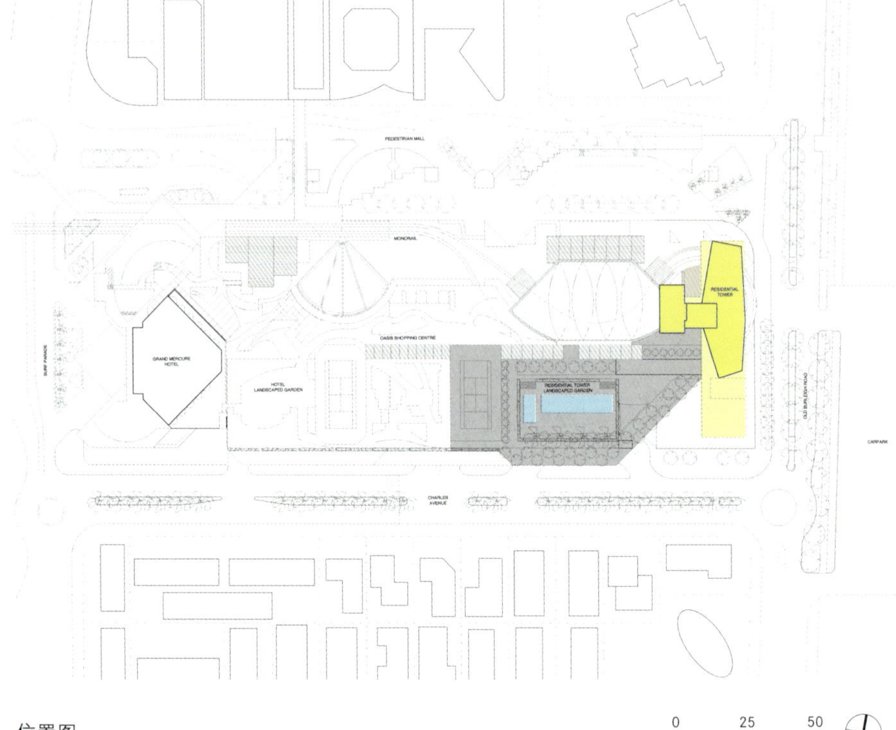

位置图

该建筑处在轻轨环线上，第三层的商业中心直通轻轨车站。设计师用走廊联系水平和竖直方向上的三个建筑体块，但是通过建筑的轮廓阴影线还是能够明显地区分三个体块。

建筑位于基地东部的位置，有广阔的视野，能够观赏到南部的库伦加塔（Coolangatta）和北部的冲浪天堂（Surfer Paradise）。西面则面对黄金海岸腹地和大分水岭（Great Dividing Range）。

东、西立面图

南、北立面图

0 5 10

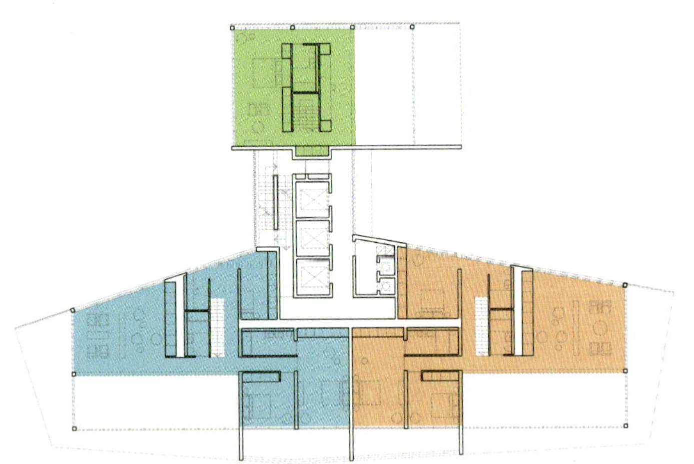

三十七层平面图

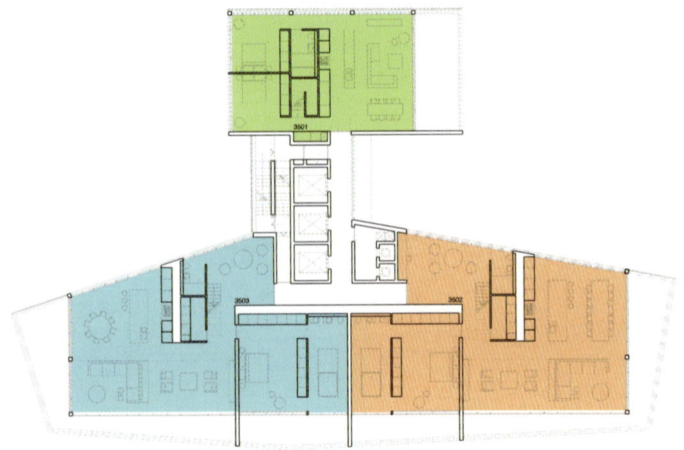

三十六层平面图

三十五层平面图

二十八层平面图

0 4 8

所有的立面都不相同，但是都使用了相同的设计元素，例如都使用相同的材料。不同之处在于东面开敞，西面封闭，北面荫蔽。

在建筑立面的玻璃窗外部，设有可调节的铝制百叶，降低热辐射的面积和强度，同时能够在立面上产生不同尺度和不同质感的多种变化。南北两面尽端的阳台形成锯齿状轮廓，展露了立面的内在骨架。

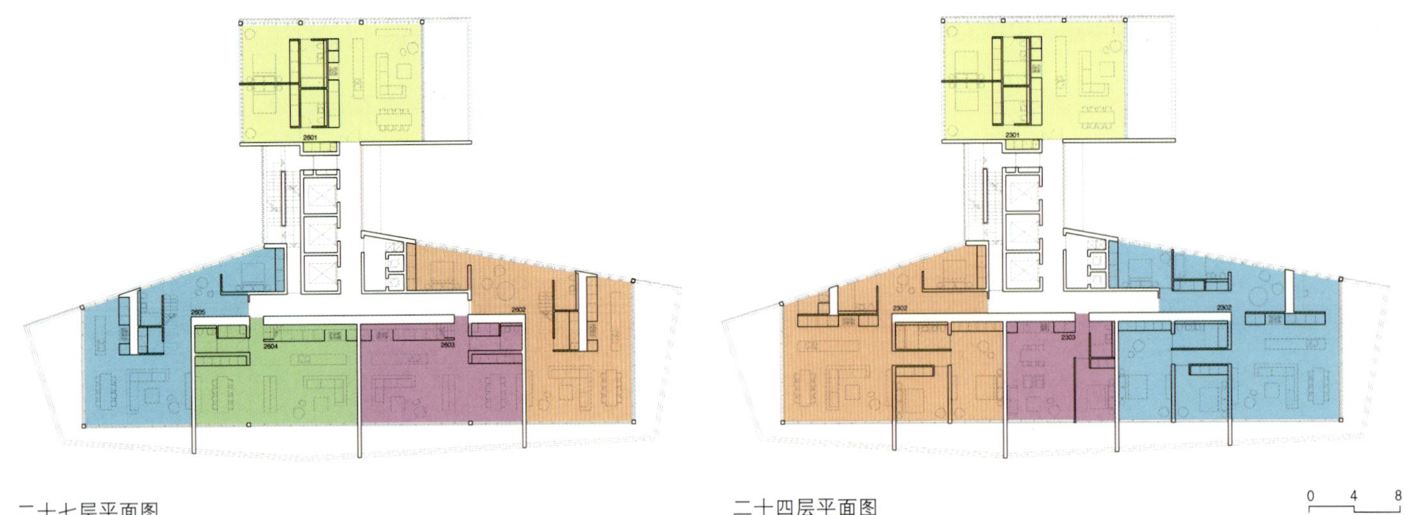

二十七层平面图

二十四层平面图

0 4 8

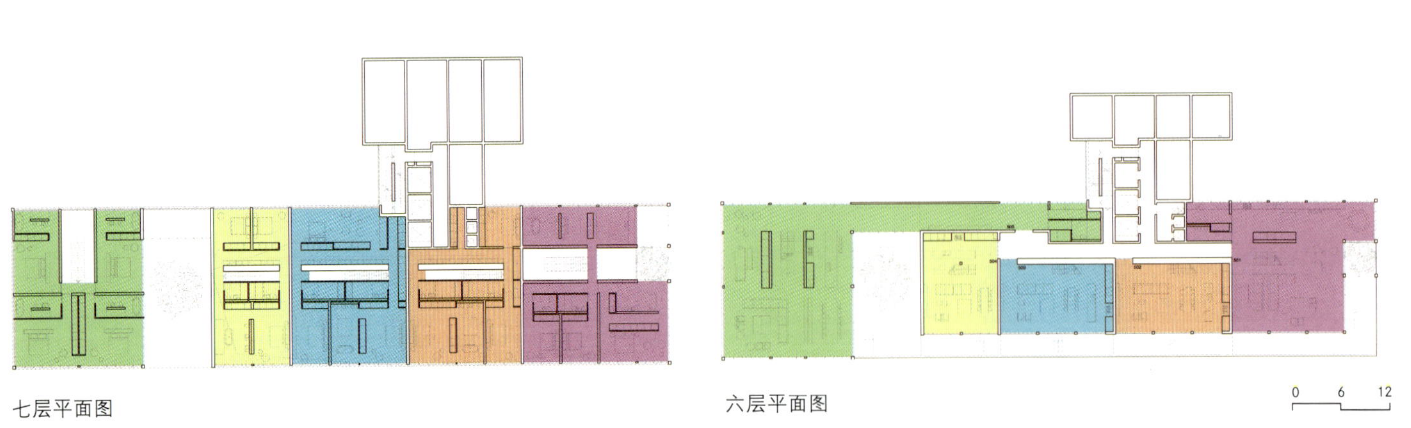

七层平面图

六层平面图

0 6 12

项目造价共计4539.52万美元，建筑立面由钢筋混凝土结构和铝材面层组成。

伊万·摩尔建筑师事务所

85 Mclachlan Avenue
Rushcutters Bay
2011 Sydney Arstralia
P. + 61 2 9380 4099
F. + 61 2 9380 4302
info@ianmoorearchitects.com
www.ianmoorearchitects.com

近年的多层住宅作品

Beaumont 住区第三期住宅，奥克兰，2007年
Campbell Parade280号公寓，Bondi海滩，悉尼，2006年
Air公寓，黄金海岸，昆士兰，2005年
公寓大楼150号，东悉尼，2004年
Kings Lane，Darlinghurst，悉尼，2003年
Barcom林荫道，公寓大楼，悉尼，2002年
The Grid公寓楼，Rushcutters湾，悉尼，2001年
Altair公寓楼，Kings Cross，悉尼，2000年

THE LOCK住宅

LOCK住宅位于曼彻斯特南部的商业区，整个建筑的中心区域是为住户和路人提供服务的宽敞明亮的休息区。另外设有商铺和咖啡店，在公寓部分则设计了引人注目的连廊。

建筑坐落在南部的Rochdale运河和北部的Whitworth街区的分界处，整个混合型住宅符合住户和建筑设计师提出的双重标准。首先是建筑的内部尽可能地利用空间，另外要与周围环境和谐共融。能够符合这两项标准的关键就在于入口空间的设计，建筑师将入口空间设在建筑的西立面，并没有为展现住宅建筑的特征而浪费建筑面积，而是在人行道区域为住户和路人创造出一个自由的空间。走廊区域以细长的V形支柱围合，地面层位置则连通街道，在这里一个令人印象深刻的中庭同时连接了3层的商业空间和总共8层的公寓单元。

LOCK住宅的建筑平面由两个不规则的四边形构成，两者之间由一条中心街联系。明亮的中心街得益于住宅顶部的玻璃顶棚，另外南墙的特殊涂层表面也对起到反射光线的作用。大量的悬挂式连廊布置在中心空间的墙面上，连接公寓的入口。住宅平面为规则矩形，特殊之处在于屋顶的高度和窗户的数量。所有公寓的日常生活区都透过南向的阳台向城市空间敞开。

建筑师：

MBLA建筑师与城市规划师事务所

用地面积：

11700平方米

建筑面积：

3200平方米

公寓数量：

154套

完成时间：

2005年

项目内容：

私人住宅

主要材料：

现浇混凝土框架，

陶砖面层，镀锌面层，

铝合金幕墙，抹灰

曼彻斯特，英国

城市面积：115.8平方公里

人口数量：48.6万

人口密度：4198人/平方公里

照片来自

Daniel Hopkinson

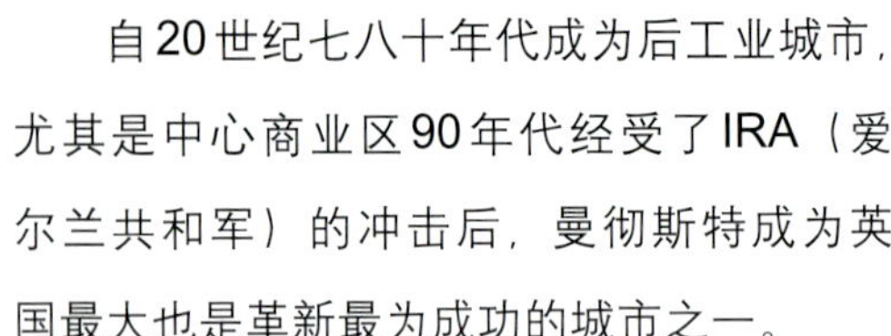

自20世纪七八十年代成为后工业城市，尤其是中心商业区90年代经受了IRA（爱尔兰共和军）的冲击后，曼彻斯特成为英国最大也是革新最为成功的城市之一。

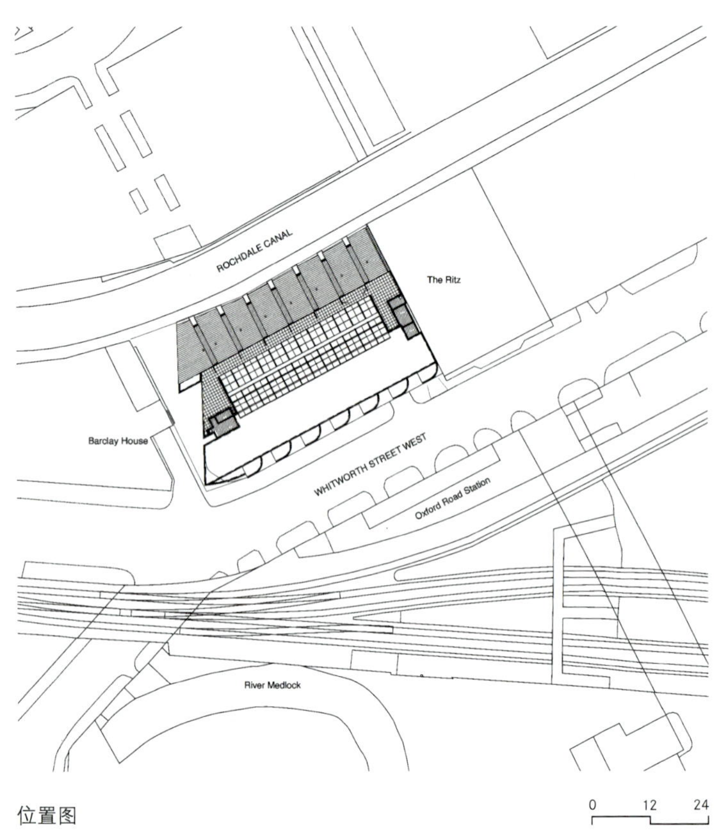

位置图

LOCK住宅是整个项目的一部分内容，整个住宅设计中包括8层的私人住宅和底部3层的商业区域。

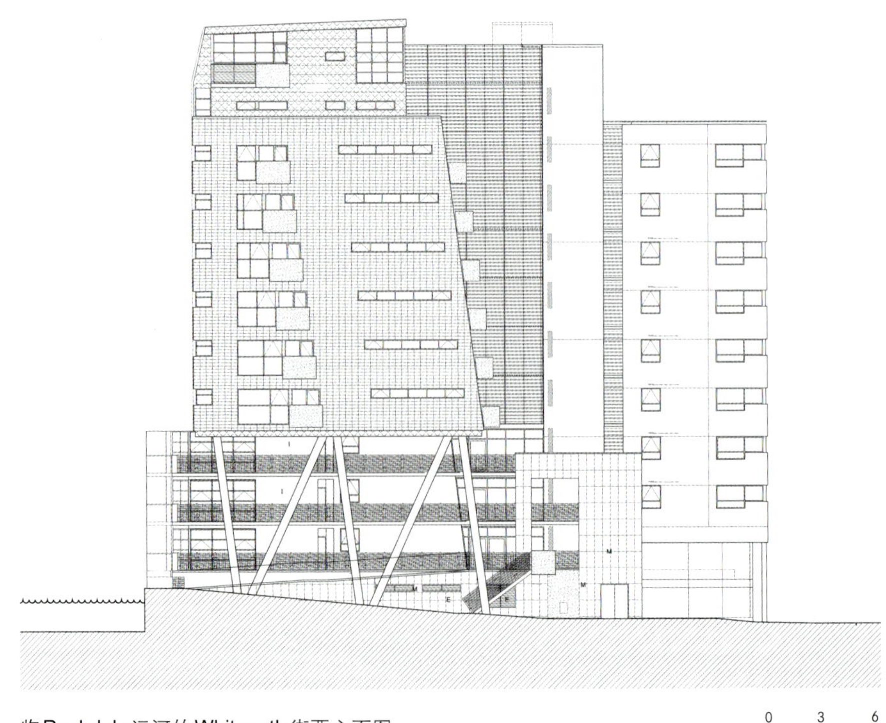

临Rochdale运河的Whitworth街西立面图

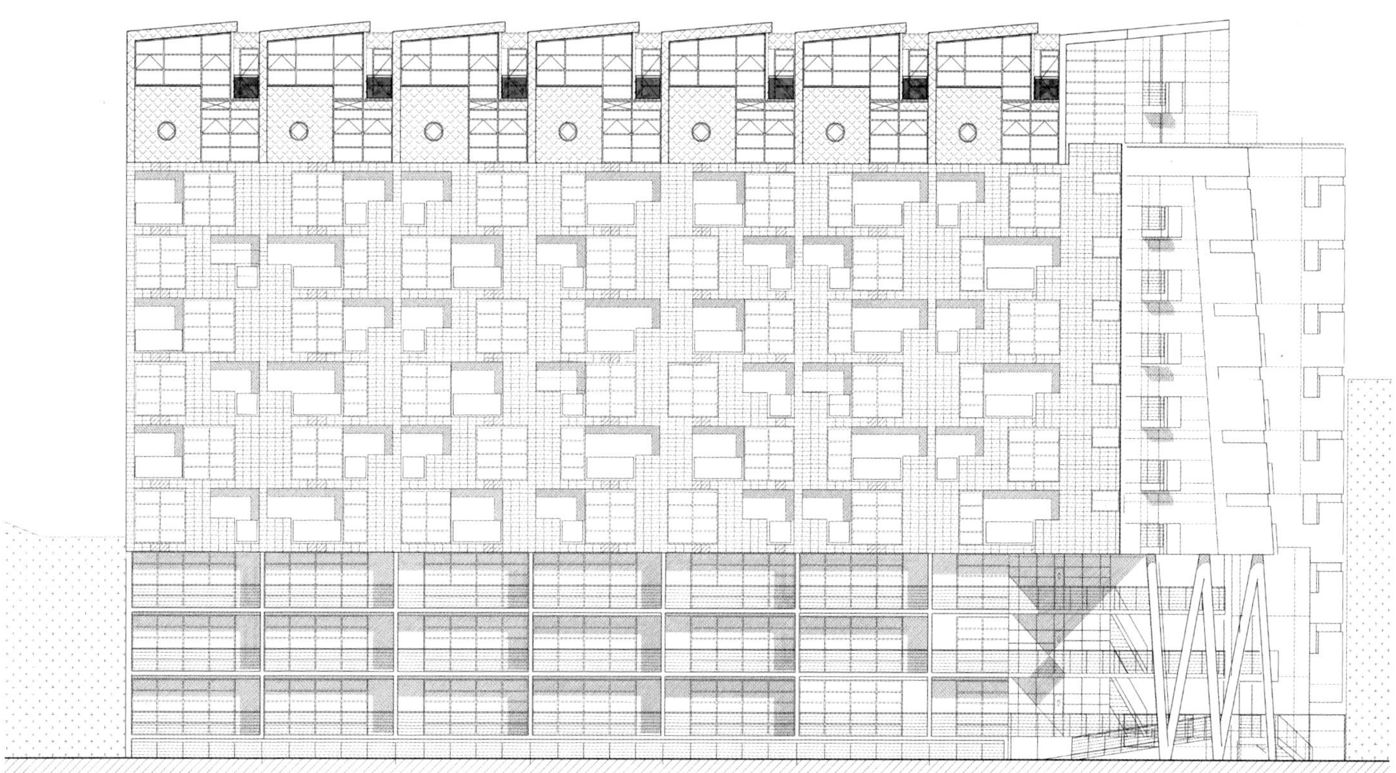

临Rochdale运河街立面图

临Whitworth街西立面图

纵向剖面图

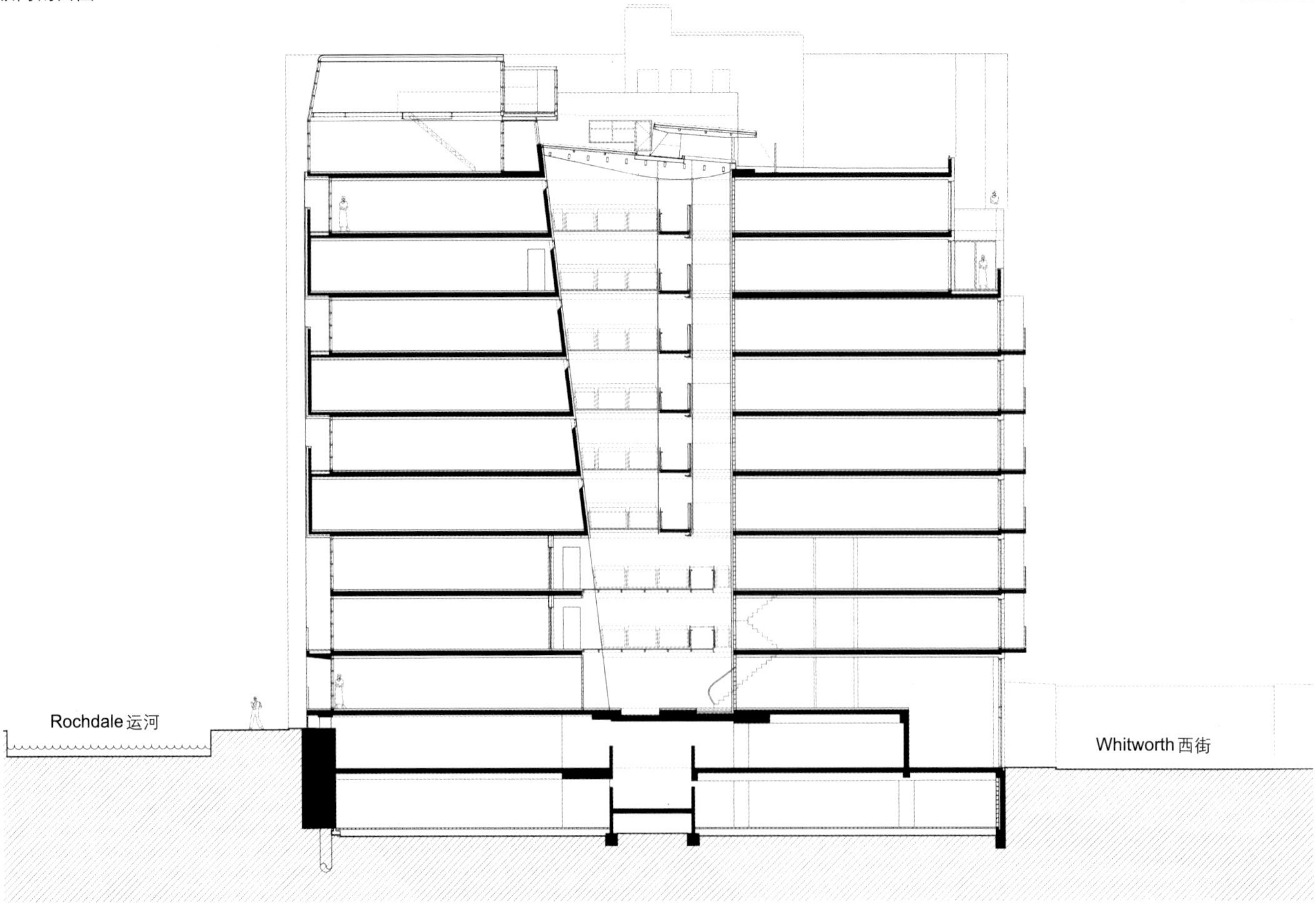

横向剖面图

住宅顶面的玻璃屋顶保证了中心庭院有良好的光照。住宅层的阳台连通构成中心连廊，连廊划分出不同的辅助交通空间，并与公寓相连接。

连廊的设计使用一种现代化的标识系统，以蓝色发光带装饰玻璃围栏，内部庭院呈现冷峻干净的设计风格，这种风格常常出现在技术中心或现代艺术博物馆中。

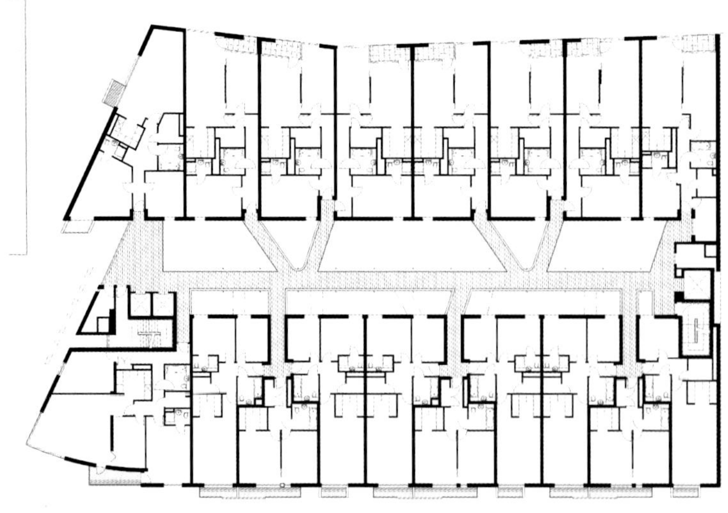

六层平面图

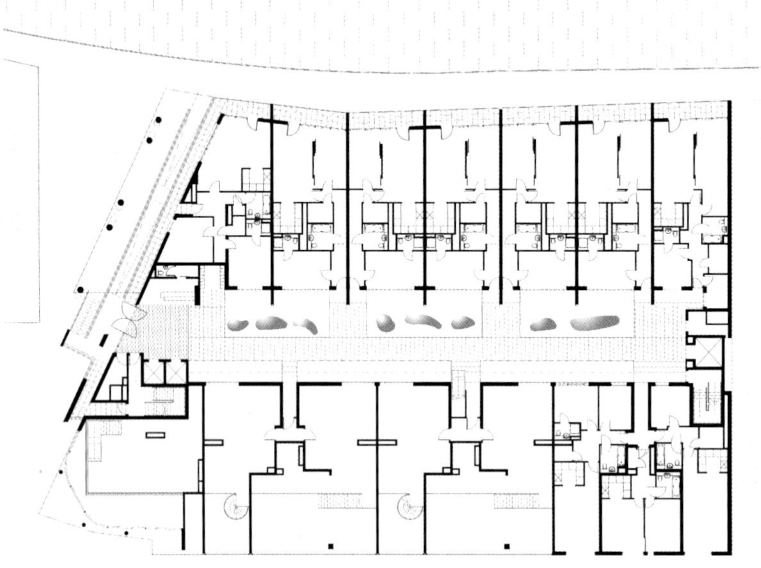

二层平面图

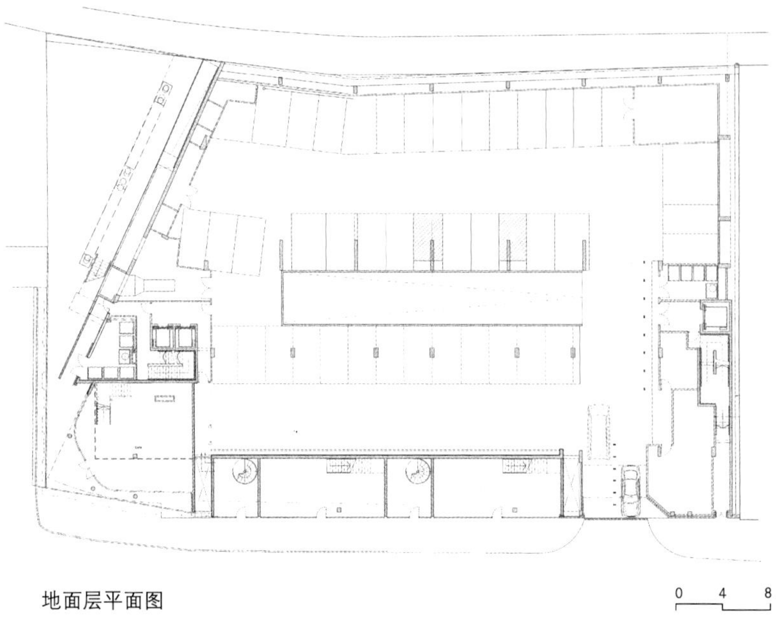

地面层平面图

MBLA建筑师与城市规划师事务所

41 Bengal Street
Ancoats, Manchester,
M4 6AF, England
P. + 44 16 1237 5500
F. + 44 16 1237 5544
contact@mbla.net
www.mbla.net

最近的多层住宅作品

Life 大楼（102个单元），曼彻斯特，2008年
Broad Road 公寓（45个单元），Sale，切斯特郡，2007年
Duchy Bank 公寓（38个单元），Salford，大曼彻斯特，2007年
Bradshawgate公寓（48个单元），博尔顿，2007年
ICON大楼（88个单元），曼彻斯特，2006年
Little Alex公寓（28个单元），曼彻斯特，2006年
THE LOCK住宅（154个单元），曼彻斯特，2005年
The Design住宅（54个单元），曼彻斯特，2004年
都市住宅（102个单元），Hulme，曼彻斯特，2003年
交通住宅（27个单元），Salford，大曼彻斯特，2002年
Greenheys Lane（22个单元），Hulme，曼彻斯特，2001年

TRIBECA的公寓

这个商住两用的综合体坐落在邻近曼哈顿岛市区的TriBeCa（Triangle Below Canal Street的缩写）三角地。这片地区原先是被大量仓库货栈占据的工业用地，现在已经是著名的居住区，布满了名人的LOFT、工作室和小型商业。

Jean-Marie Massaud，把建筑功能和建筑风格完美结合起来的建筑师，为在西街和华盛顿街之间的整个街区做了一个规划，计划创造一个奢华的居住综合体。这个综合体由两栋主要建筑物构成：一栋17层的公寓，形象如截取尖端的金字塔，深浅不同的绿色在曲折的立面上蜿蜒；另一栋为矩形结构的居住LOFTS。建筑师的设想是把较高的建筑物打造成居住的宫殿，从家中远眺哈德孙河的风景。同时它也是一个开放性的建筑，主要入口通向华盛顿街，内部庭院面向公众开放。每个联排别墅都有一个私人花园。

这个综合体与内部提供的急速发展的居住区邻近并协调的联合在一起，并非缺少新的城市发展机会，其目的是在这个区域内创造一个视觉上与技术上的突破。

整个居住综合体由24个LOFT、6栋有屋顶花园的三层别墅和125间公寓组成。一间酒店、一间餐厅、一个俱乐部/酒吧、4幢阁楼、一处矿泉疗养地、一片露台、一间休闲室、一个体育馆和一处儿童游乐场（托儿所），为个人或者家庭的空闲时间提供休闲的各种可能性。最奢华的公寓是LOFT上的阁楼，这里的屋顶绿化形成了一个日光浴室。

建筑师：

MASSAUD工作室

建筑面积：

35000平方米

公寓数量：

155套

完成时间：

2004年（设计）

项目内容：

私人住宅

纽约，美国

城市面积：789.4平方公里

人口数量：827.45万

人口密度：10482人/平方公里

都市区人口：1881.85万

照片来自

Massaud工作室

底层平面图

Massaud的目标是各家的起居室和公共的、开放的内部庭院的植物之间有很好的可视性。

Massaud对在建筑设计中运用植物饶有兴趣，这在方案中表现明显。他在2005年的东京设计潮中获得最佳生态设计（人类自然）奖 [Best Eco Design（Human Nature）]。他为雷诺汽车设计的东京和法兰克福商品交易会的展厅就是很好的例子。

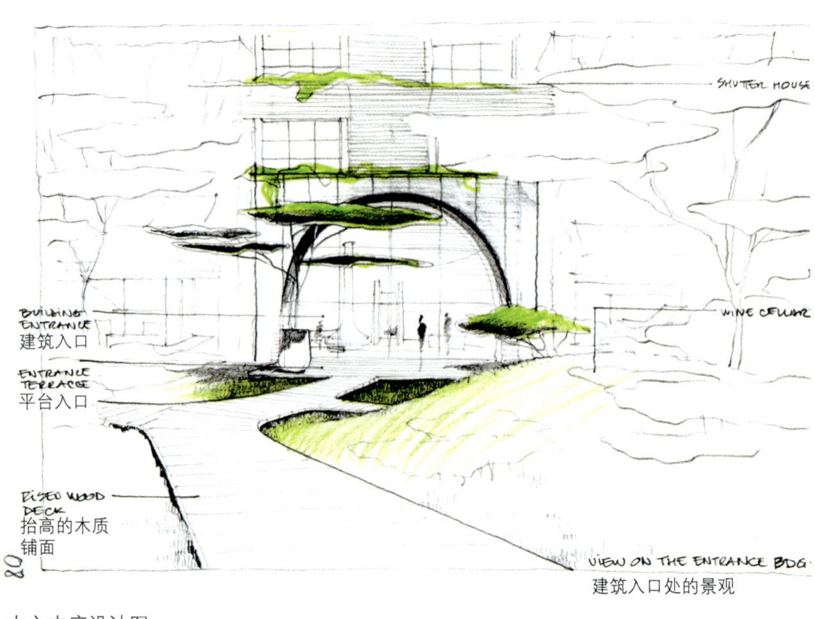

中心内庭设计图

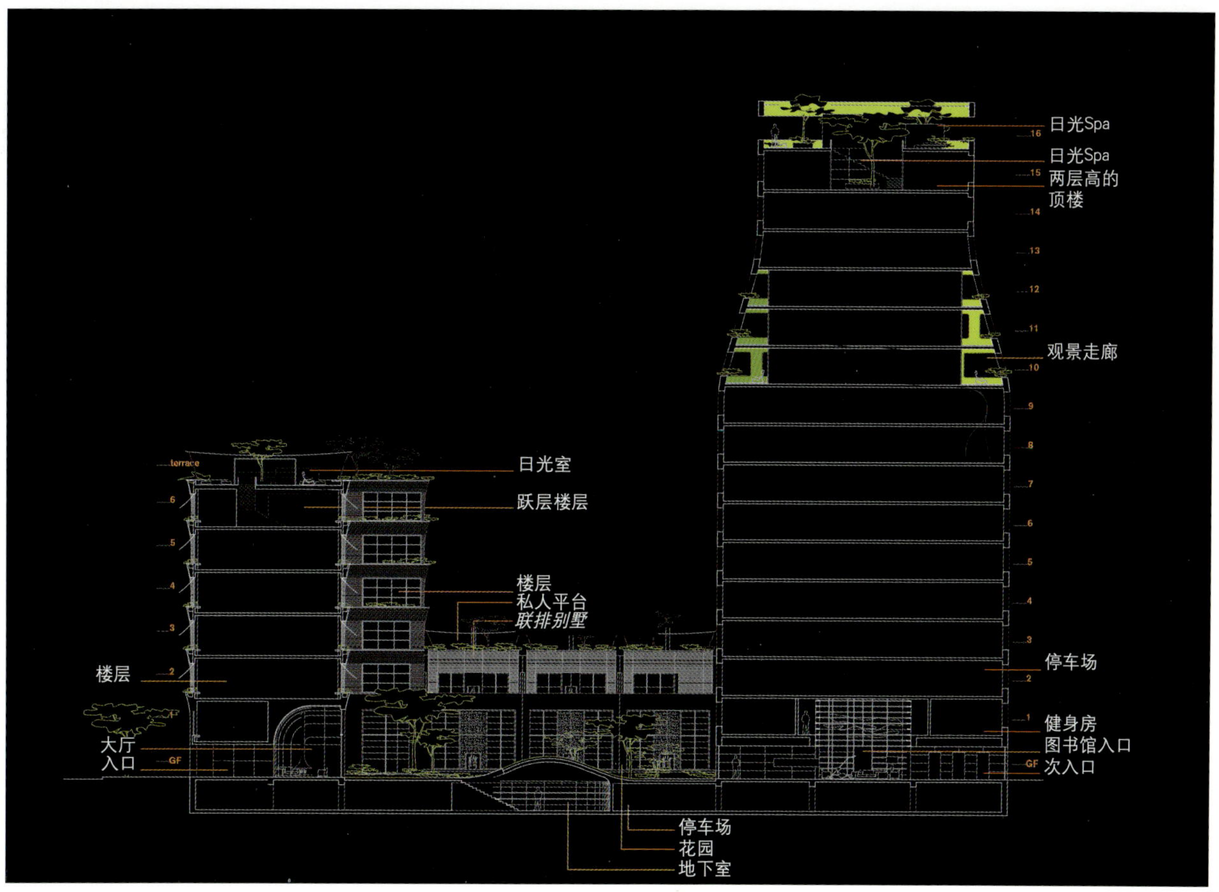

纵向剖面图

PL4 A型、B型LOFT平面图

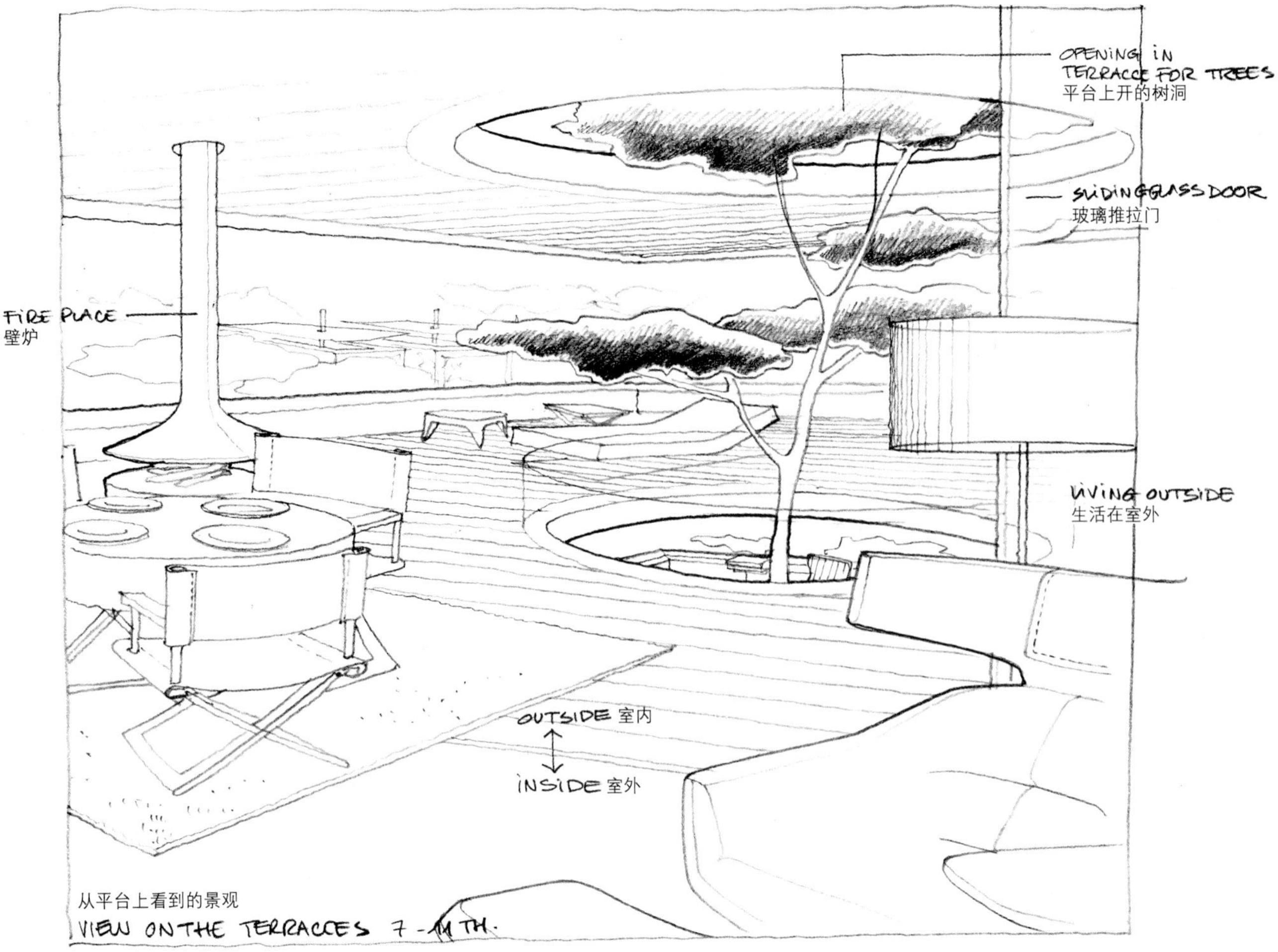

OPENING IN TERRACE FOR TREES
平台上开的树洞
SLIDING GLASS DOOR
玻璃推拉门
FIRE PLACE
壁炉
LIVING OUTSIDE
生活在室外
OUTSIDE 室内
INSIDE 室外
从平台上看到的景观
VIEW ON THE TERRACES 7-11TH.

日光室景观图示

MASTER BEDROOM / BATHROOM WITH VIEW ON THE RIVER
从主卧室/浴室远眺河流景色

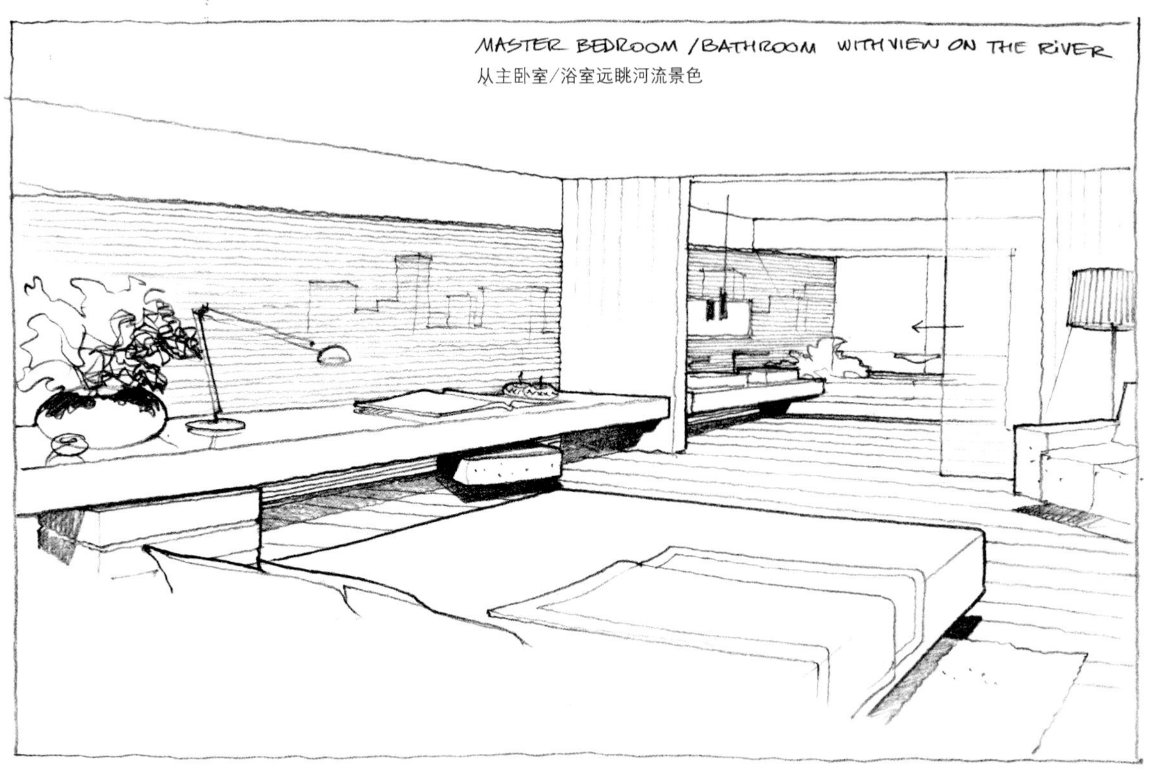

从卧室和浴室远眺河流景色图示

从LOFT室内看向中心内庭图示

TriBeCa的改建受到了因双塔事件造成的资金削减的影响，但此项目在纽约市政府的支持下得以再度实行。项目最初的总预算为73926038.58美元，但并未实现。

MASSAUD工作室

7, rue Tolain, F-75020 Paris , France
P. + 33140 09 5414
F. + 33140 09 0816
studio@massaud.com
www.massaud.com

近年的多层住宅作品

Life Ref公寓，瓜达拉哈拉，墨西哥，2008年

KEMERLIFE 21住宅

一种新的建筑推动力所产生的结果是与现代建造技术相一致的，由此可以避免原生的土耳其建筑折中的形式主义。Kemerlife21即是诞生自寻求最佳设计的深思熟虑的漫长过程，它实施前的概念设计阶段就长达4年。

伊斯坦布尔大都会区由众多区域组成，这座建筑所在的即是其中之一。该综合体共有13种不同类型总计206套住宅，三面封闭，使内部公告及私人花园的设置成为可能。那些阶梯式的住宅拥有自己的底层私人花园，其水平高度大于公共休息区。在这些住宅以上为竖直排列并与公共区域垂直对应的3层公寓。与水平向的底层平面对应的竖直体块的轴线的改变有助于创造阶梯式住宅的底层私人花园。低于地面层的停车区也产生自这种高度和轴线的变化，用作服务区域和连接不同公共区的通道。为住户提供休闲服务的公共设施有花圃、水塘和游泳池。

立面的表层使用热处理木材和天然石材，既稳定又耐久。

建筑师：

EEA-EMRE AROLAT

建筑师事务所

用地面积：

80000平方米

公寓数量：

206套

完成时间：

2003年

项目内容：

私人住宅与公共设施

主要材料：

混凝土框架（结构）；

热处理木材，天然石材（面层）

Göktürk，伊斯坦布尔，土耳其

城市面积：1830.9平方公里

人口数量：1137.26万

人口密度：6211人/平方公里

照片来自

Ali Bekman

位置图

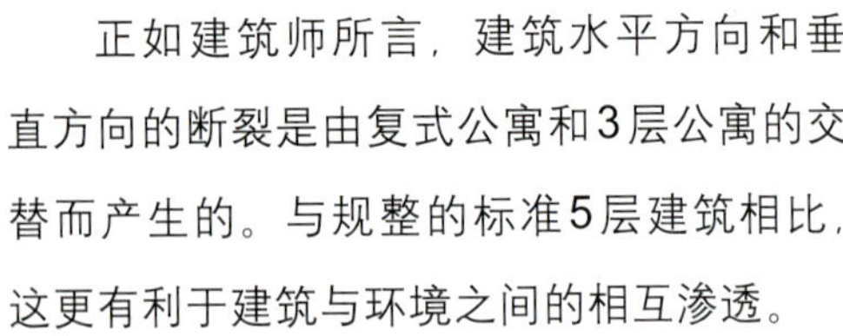
正如建筑师所言，建筑水平方向和垂直方向的断裂是由复式公寓和3层公寓的交替而产生的。与规整的标准5层建筑相比，这更有利于建筑与环境之间的相互渗透。

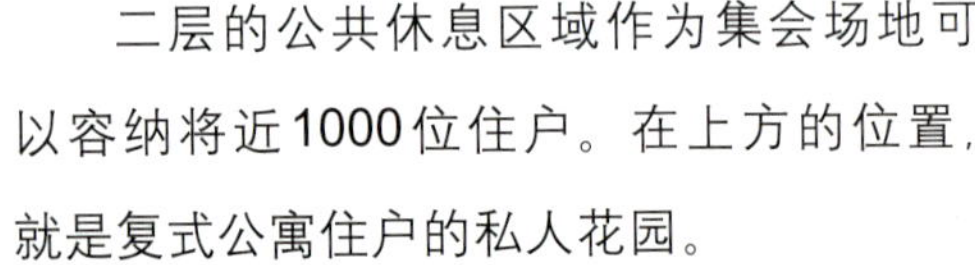
二层的公共休息区域作为集会场地可以容纳将近1000位住户。在上方的位置，就是复式公寓住户的私人花园。

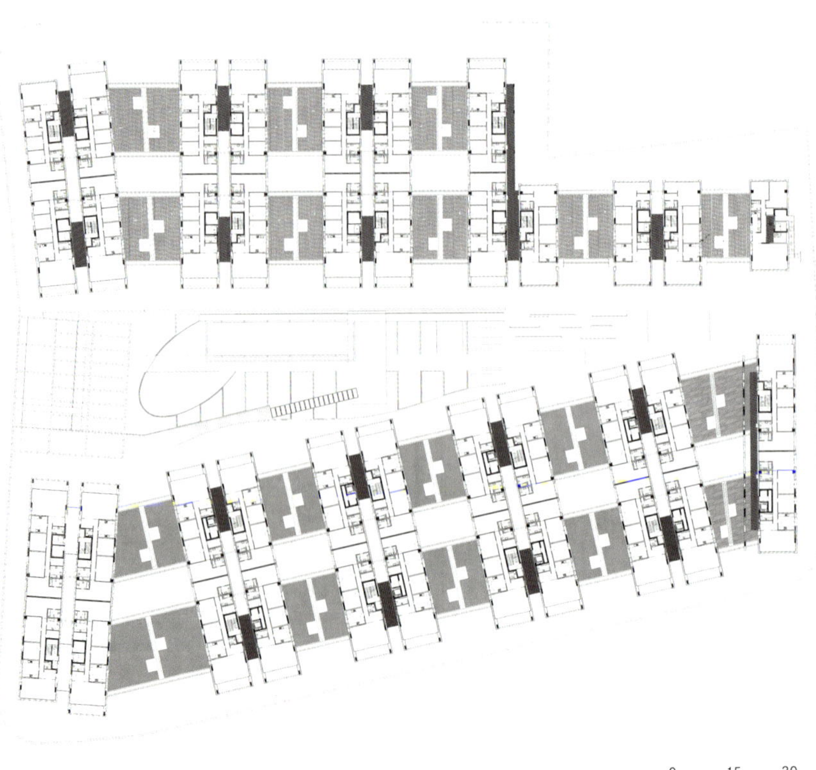

四层平面图

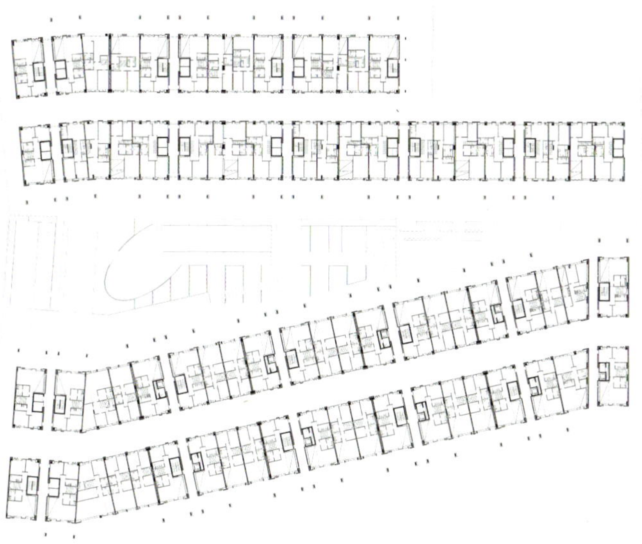

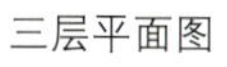

三层平面图

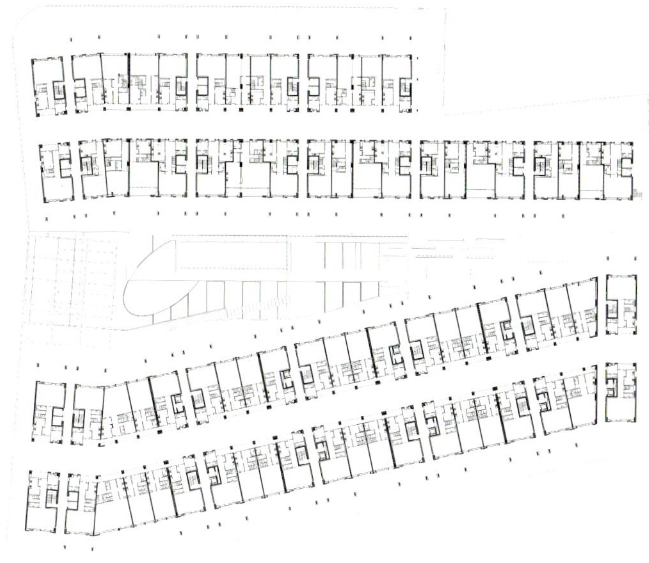

二层平面图

热处理的木材和天然石材的使用可以将立面维护费用控制在适合的范围内，并且使建筑物整体呈现出自然外观。

EEA-EMRE AROLAT建筑师事务所

Nispetiye cad 112 k.2 etiler
34337 Istanbul, Turkey
P. +90 212 265 07 14
F. +90 212 265 07 20
info@emrearolat.com
www.emrearolat.com

近年的多层住宅工程

Ağaoğlu Bodrum 度假地，Muğla，2007年
Morada住宅设计，伊斯坦布尔，2007年
Rosa Blanda住宅，伊斯坦布尔，2000年
Savoy Ulus住宅，伊斯坦布尔，2000年
Yamaçkent住宅，Almaty，2004年
Evidea，伊斯坦布尔，2003年
Kemerlife 21住宅，伊斯坦布尔，2003年
Ataköy 住宅，伊斯坦布尔，2003年
住宅综合体，Aomori，2002年
K Grup Ulus 住区，伊斯坦布尔，2002年
Esentepe住宅，伊斯坦布尔，2001年

天桥公寓

这是位于芝加哥的西部商业中心附近的分套出售式高层住宅，共39层，237套公寓。为塔式高层的形式，力图在协调现有结构的基础之上，呈现出与众不同且富有生气的现代塔式结构体系。

建筑的裙房为4层，包括食杂店、银行和咖啡厅。高为130米的线形空间与东面的高速公路保持平行，借此来降低西面的Halsted街所造成的峡谷效应。正是这种形式限定了高速公路的西边界，同时创造了连接西面商业中心的通道，通道18米高、5层高的位置连接塔楼、Halsted街和相邻区域。

与传统的整体式高层不同的是，设计者希望为单元、组团提供可调整的采光效果，这种如乡间住宅的效果是通过控制透明和不透明的部件来获得的。一个巨大的透明开口，宽9米，自十五层的位置起，这个都市之窗来表示这是两个不相连的建筑，而非一个整体。预制混凝土结构和玻璃外墙在某些区域突出使用红、黄、蓝色调来搭配。建筑立面的独特之处在于两塔之间的连接桥和12米高、支撑格构式悬挑屋顶的柱。另外每层都有8种不同布局，提供一室、两室或三室的户型单元，面积从87平方米至390平方米，每种户型都有自己的室外阳台。

建筑师：

PERKINS & WILL事务所

用地面积：

74772平方米

公寓数量：

237套

完成时间：

2003年

项目内容：

私人高层住宅塔楼

主要材料：

现浇混凝土地基，玻璃外墙

芝加哥，美国

城市面积：588.4平方公里

人口数量：2842518

人口密度：4831人/平方公里

照片来自

James Steinkamp Photography

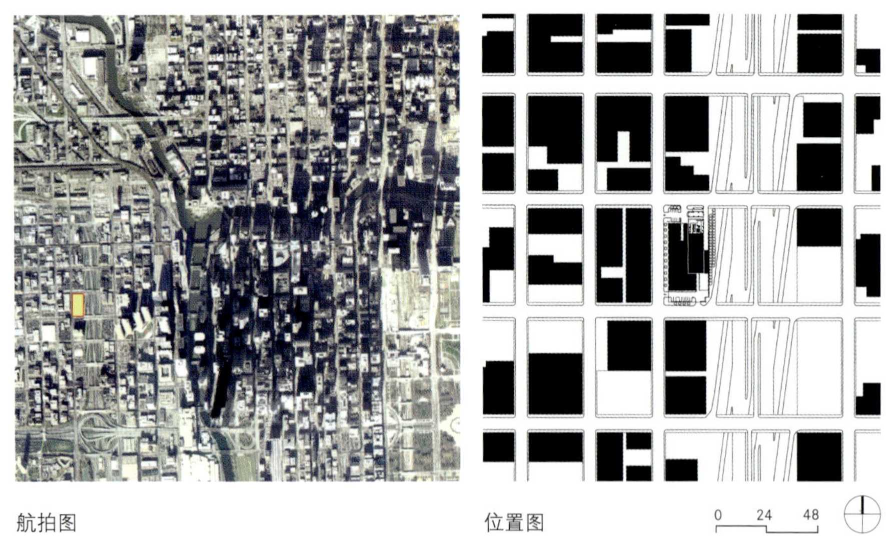

航拍图

位置图

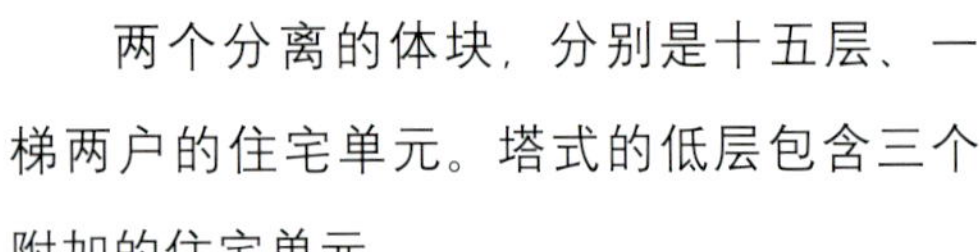

两个分离的体块，分别是十五层、一梯两户的住宅单元。塔式的低层包含三个附加的住宅单元。

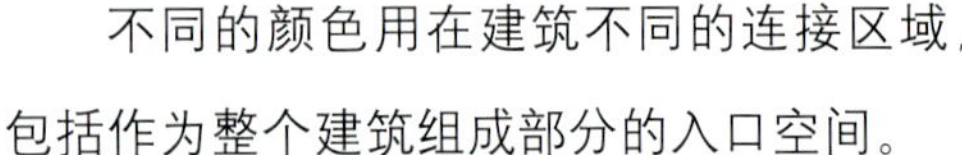

不同的颜色用在建筑不同的连接区域，包括作为整个建筑组成部分的入口空间。

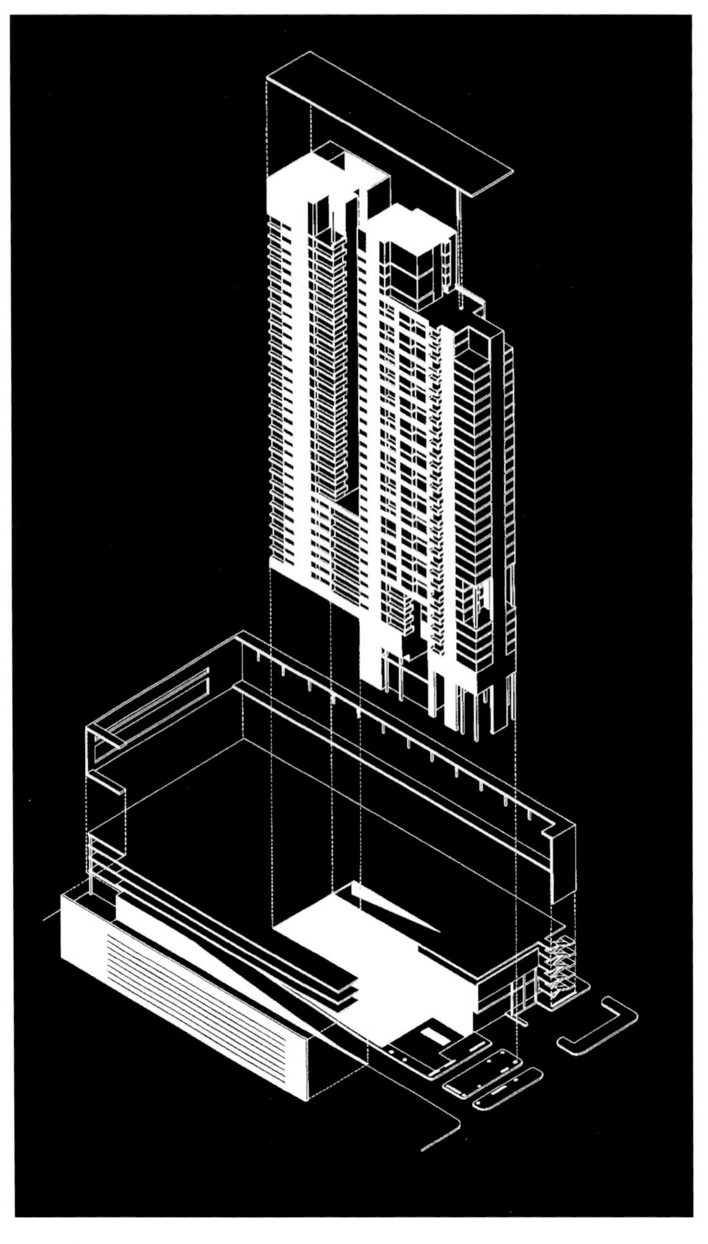

轴测图1

草图

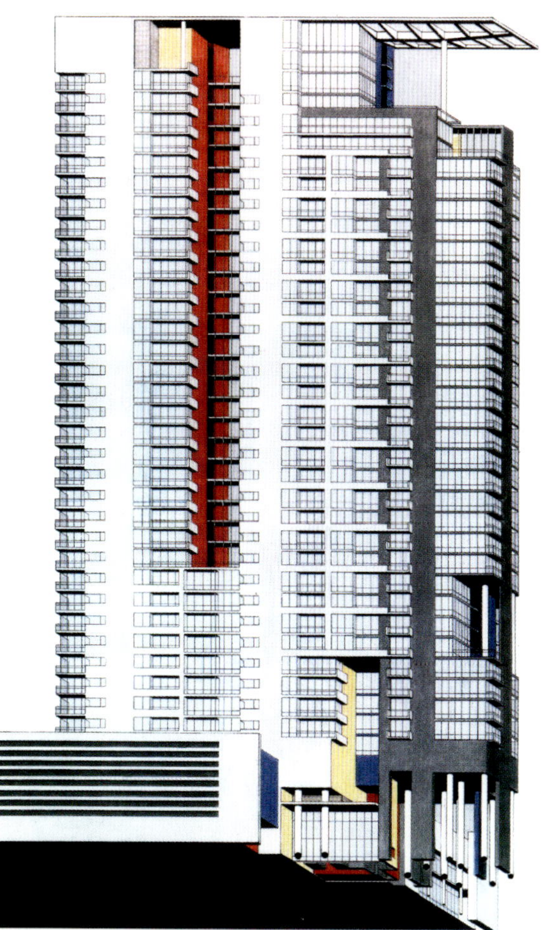

轴测图2

标准层平面图

公寓平面图

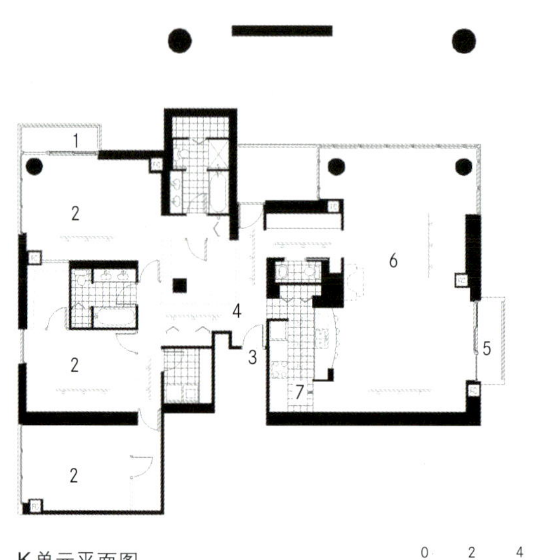

K单元平面图

1. 阳台
2. 卧室
3. 入口
4. 门厅
5. 阳台
6. 起居室，餐厅
7. 厨房

结构体系由剪力墙加混凝土柱构成，垂直的墙体形成建筑的外维护墙面。

PERKINS & WILL事务所

330 North Wabash Avenue
Suite 3600
Chicago, Illinois 60611 USA
P. +1 312 755 07 70
F. + 1 312 755 0775
Ralph.johnson@perkinswill.com
www.perkinswill.com

近年的多层住宅作品

Clare公寓，芝加哥，2008年
Contemporaine公寓，North Wells 516号，芝加哥，2004年
天桥公寓，One North Halsted街，芝加哥，2003年

VM住宅

Ørestad是哥本哈根的行政区，这里是有开放场地的人口密集区。VM住宅的位置恰好位于该区的边界位置，北边是城市的核心区，南边是一个公园，另有两条水渠划定了住宅的东西边界。2006年分解为JPS建筑事务所和Bjarke Ingels Group(简称BIG)的PLOT建筑设计小组承担此项设计，这个居住综合体的设计使得230户业主都能享受到开阔的视野和充足的阳光。

V和M住宅的得名源自于它们独特的形态。从外部能清楚观察到M住宅位于一处Z形的基地上。V住宅的核心空间在北面，两个住宅之间是一个蜿蜒的花园，花园通过一个开放走廊和南边的公园相连接。连接走廊位于V住宅的底部，以柱支撑。整个社区的西边界，是一个紧邻M住宅的两层建筑，它打破了原本标准的几何形体，同时也避免了外部交通噪声对花园中庭的干扰。

两个住宅东、西立面的高差对北边商业区和东边的独立家庭住宅区的边界产生一定影响。V住宅的高度，从西边的36米逐渐下降至另一端的16.8米。M住宅也在同样方向上缩减建筑立面的尺寸，形成11层、9层、7层和5层的不同层数，这样偶数差的渐变形成建筑的西立面。

V住宅内，北面的公寓均为两层高，而南面公寓则拥有全景视线。M住宅的设计是对勒·柯布西耶的“居住单元”的重新定义，该设计包括三种基本形式：两种复合式公寓，一种3层公寓。三种基本形式之间的连接关系类似拼图。

建筑师：

PLOT=BIG+JDS

用地面积：

25000平方米

公寓数量：

240套

完成时间：

2005年

项目内容：

私人住宅，

幼儿园和零售商业

主要材料：

预制混凝土楼板，木制窗，铝板

哥本哈根，丹麦

城市面积：455.6平方公里

人口数量：52万

人口密度：5876人/平方公里

照片来自

Jasper Carlberg, Tobias Toyberg

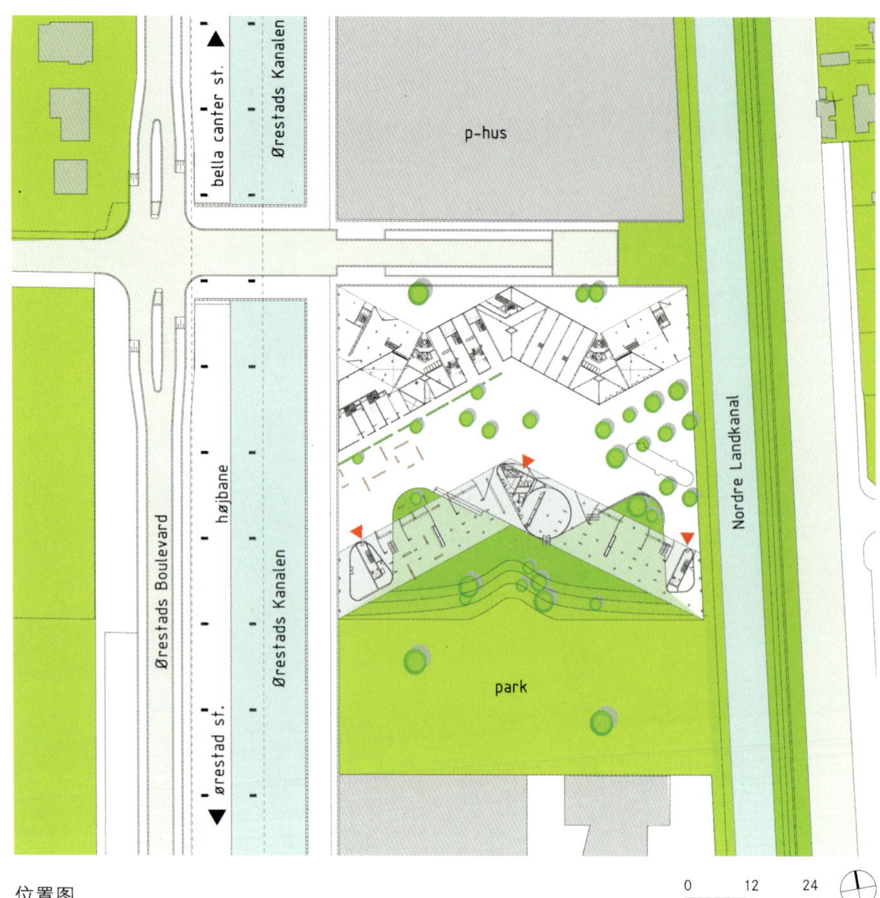

位置图

V住宅的体块边界是由四个转角明确限定的，开放的内部空间都沿着边沿。毗邻的M住宅通过在中心部位挑出斜向楼板来获得面向开放空间的更大视野。

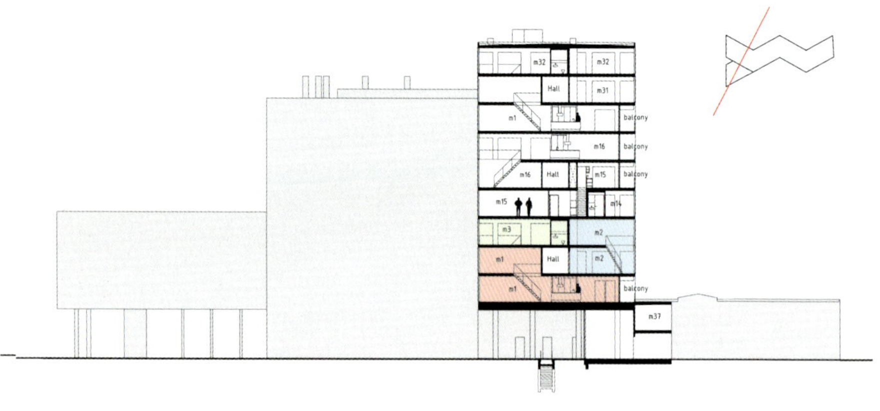

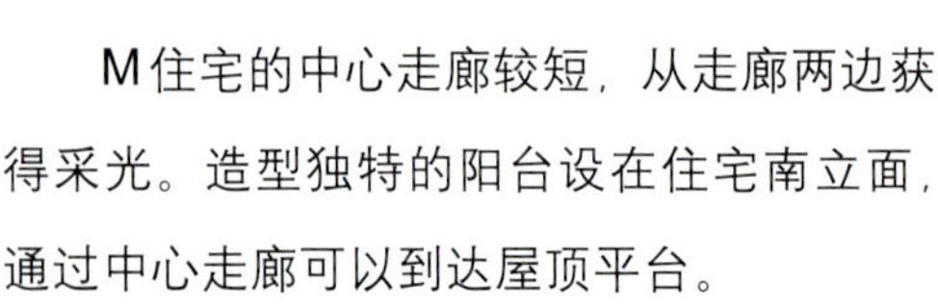

M住宅的中心走廊较短，从走廊两边获得采光。造型独特的阳台设在住宅南立面，通过中心走廊可以到达屋顶平台。

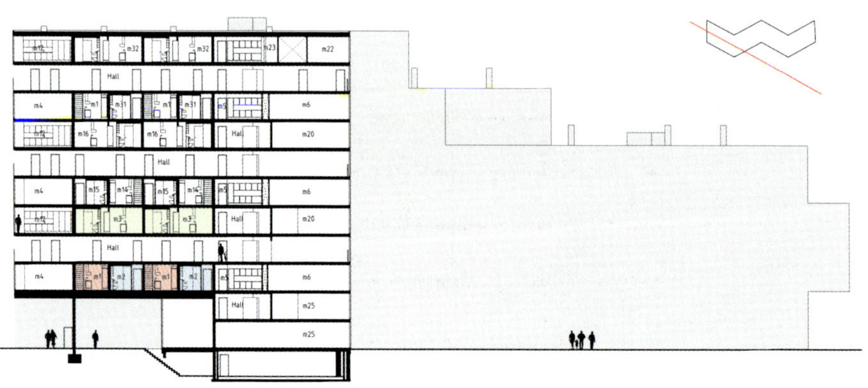

说明模数类型的M住宅横向剖面图

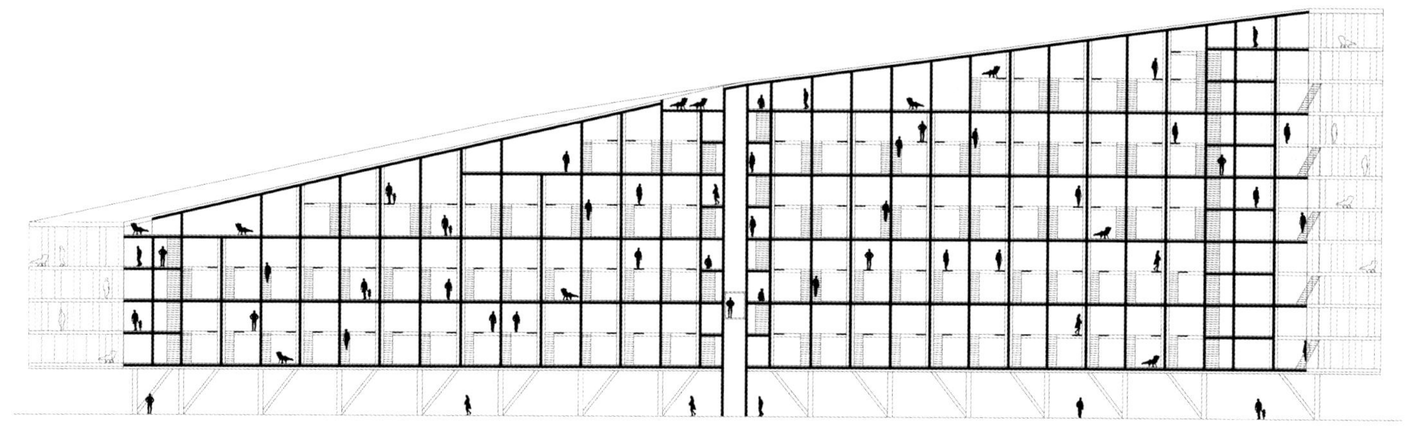

V住宅纵向剖面图

0 4 8

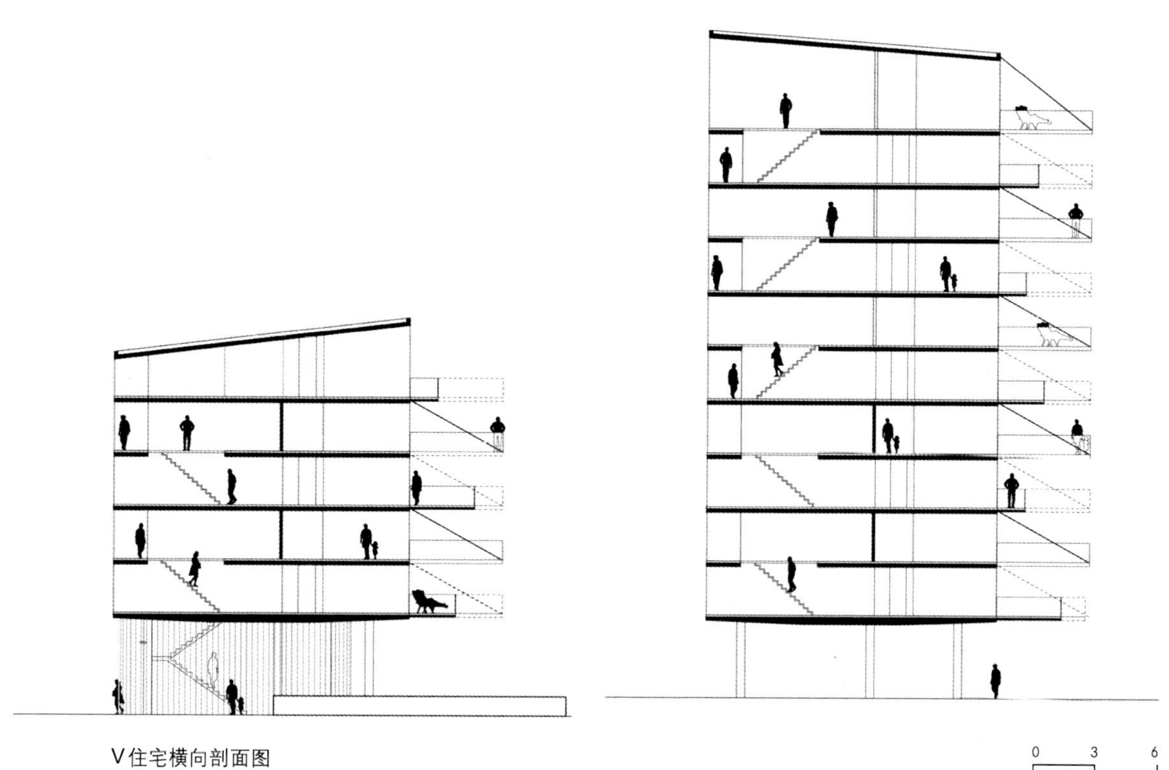

V住宅横向剖面图

0 3 6

V1
V2
V3
V4
V11
V13b
V13c
V14
V15a
V15b
V15c
V16a
V16b
V18
V19
V20
V30
V34
V36
V37
V38
V41
V42
V43
V50a
V61
V64
V65
V66
V67
V68
V69
V71
V72

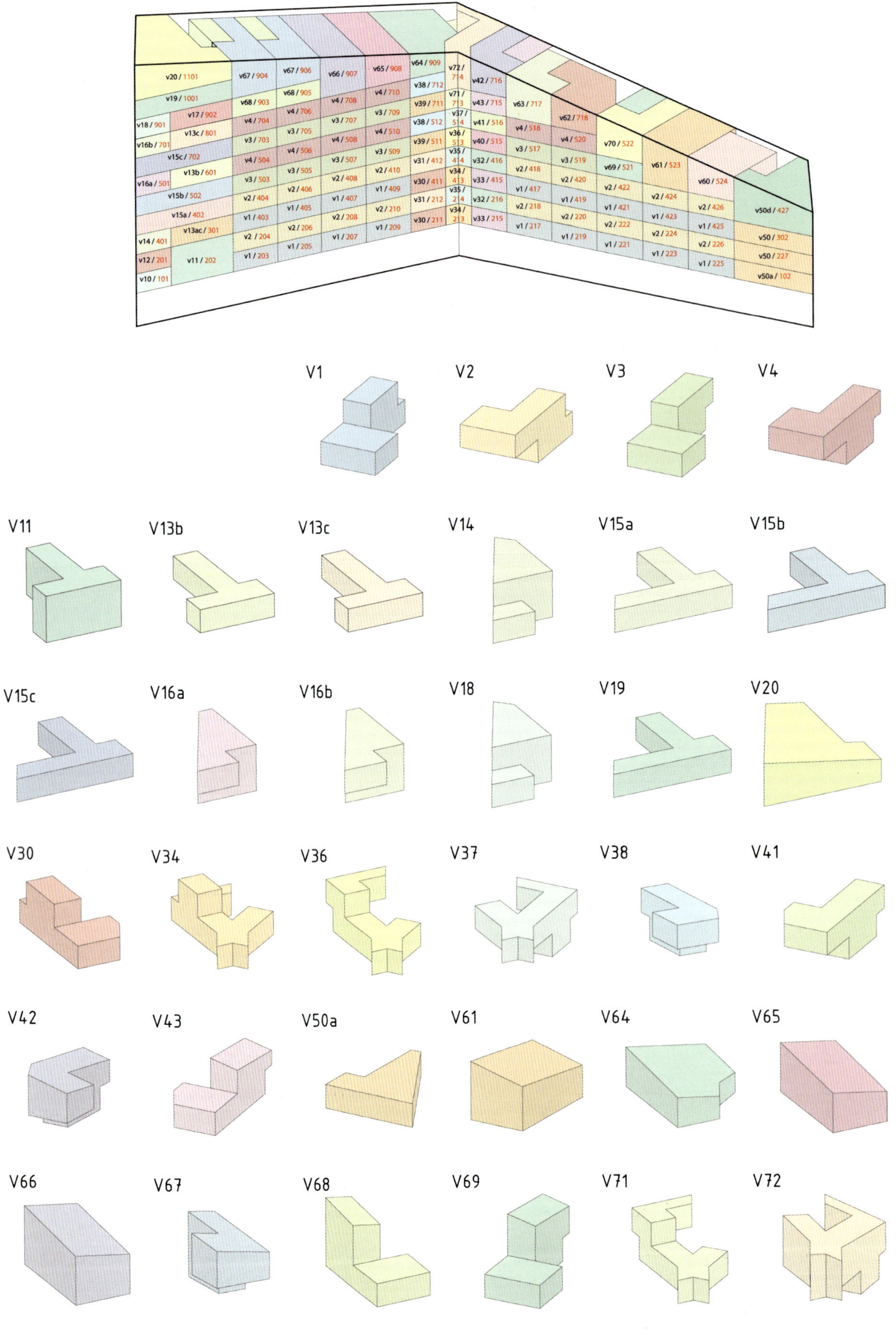

V住宅模块

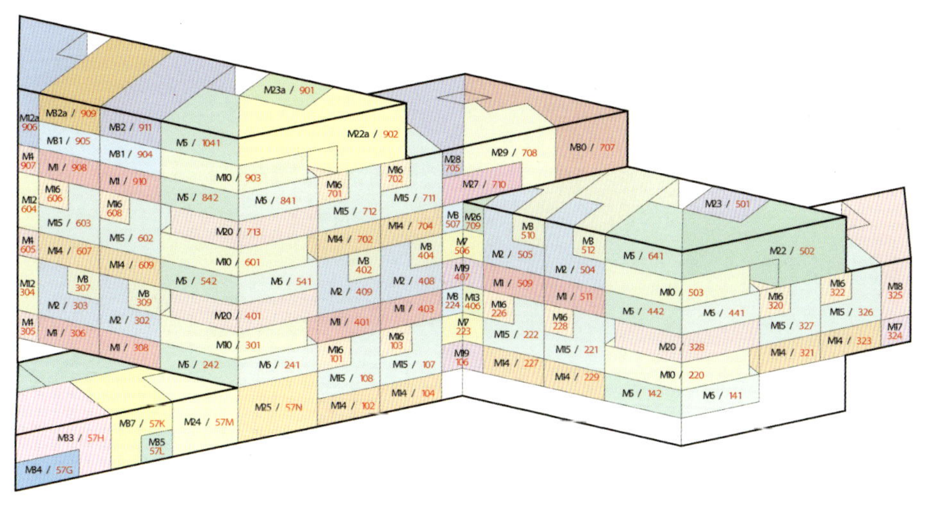

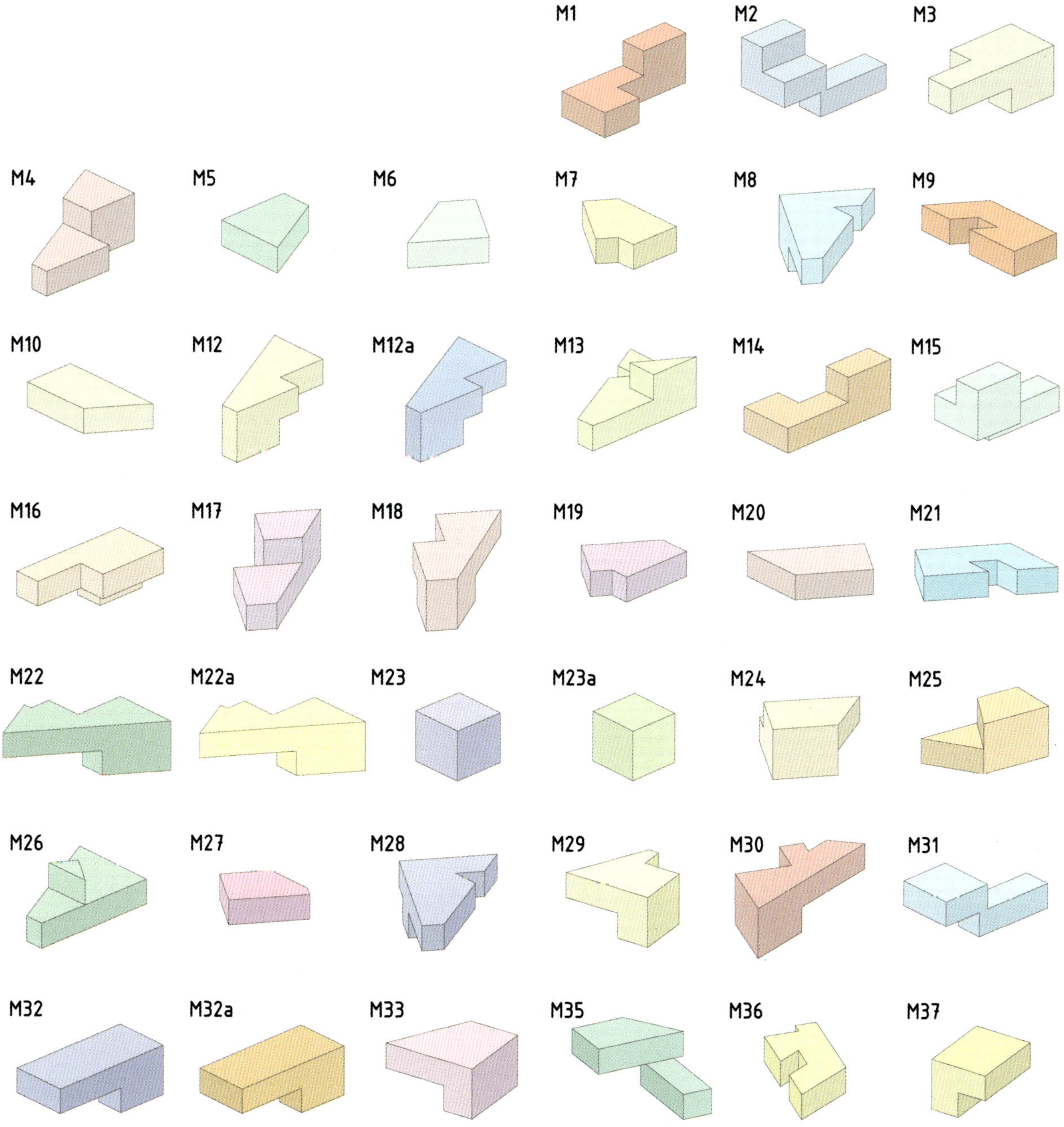

M1 M2 M3

M4 M5 M6 M7 M8 M9

M10 M12 M12a M13 M14 M15

M16 M17 M18 M19 M20 M21

M22 M22a M23 M23a M24 M25

M26 M27 M28 M29 M30 M31

M32 M32a M33 M35 M36 M37

M住宅模块

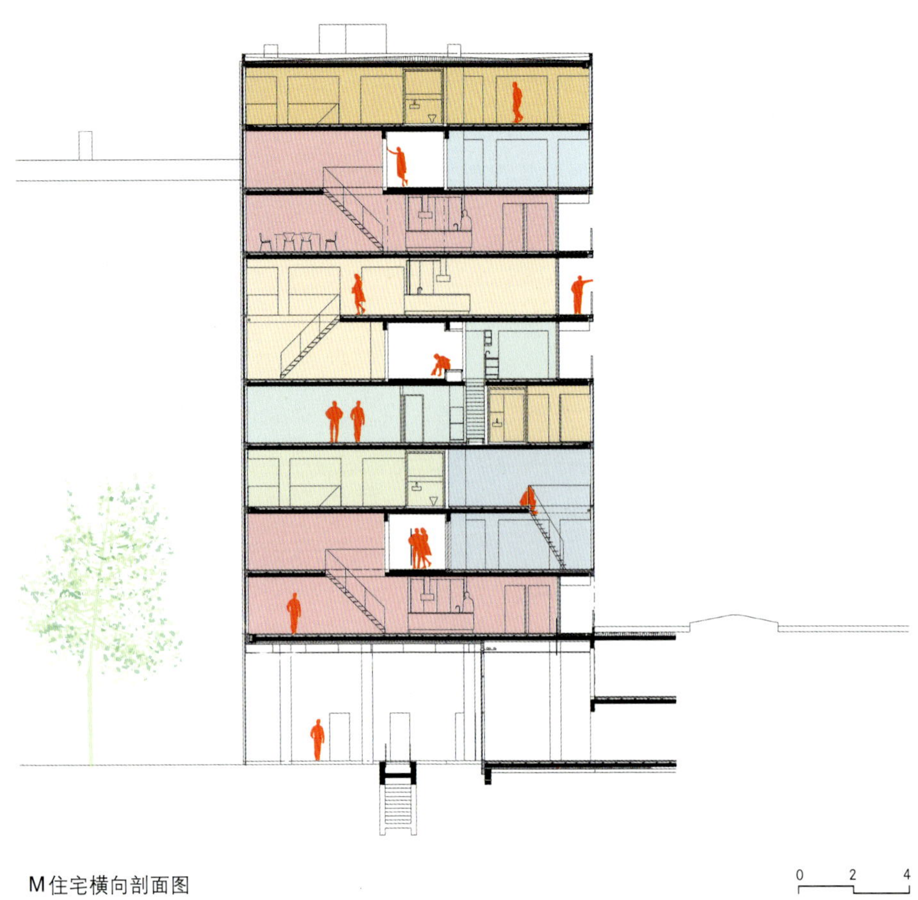

M住宅横向剖面图

0 2 4

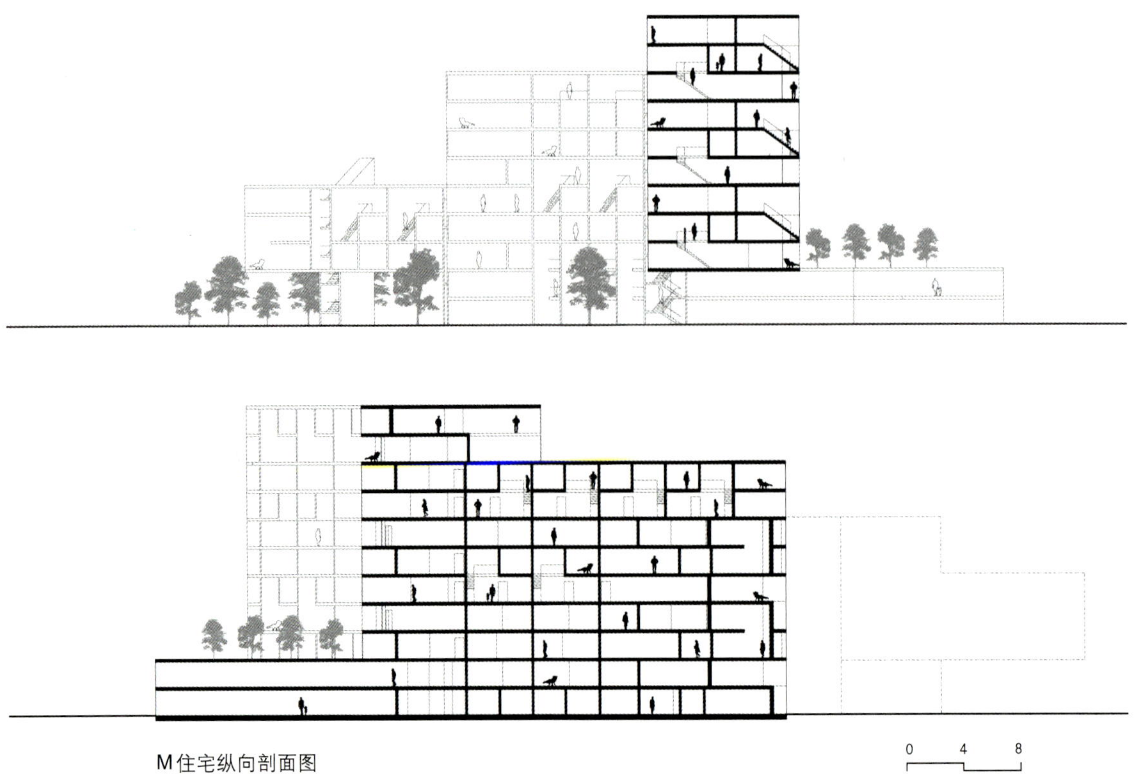

M住宅纵向剖面图

0 4 8

V、M住宅是由简洁但精致的玻璃和木构架构成，楼板是质密的橡木，墙和顶棚则是未经加工的素混凝土材质，内部楼梯和扶手栏杆采用白色钢质。

M住宅饰面的东、西边缘在柱子支撑的空间处结束，这里是一层的交通空间，由陶瓷饰面形成的富有创意、色彩丰富的构图是整个空间的突出特点。

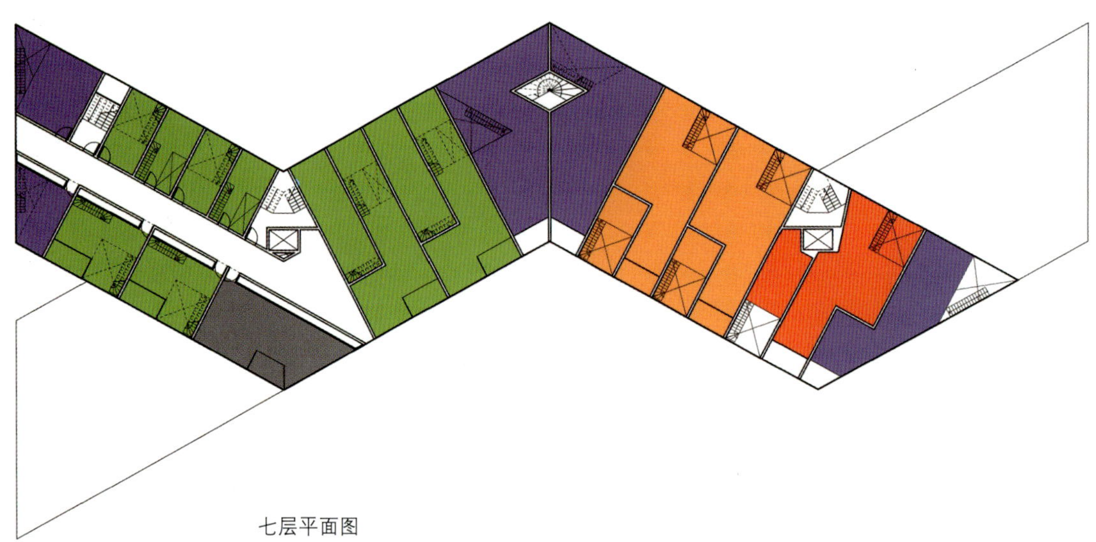

七层平面图

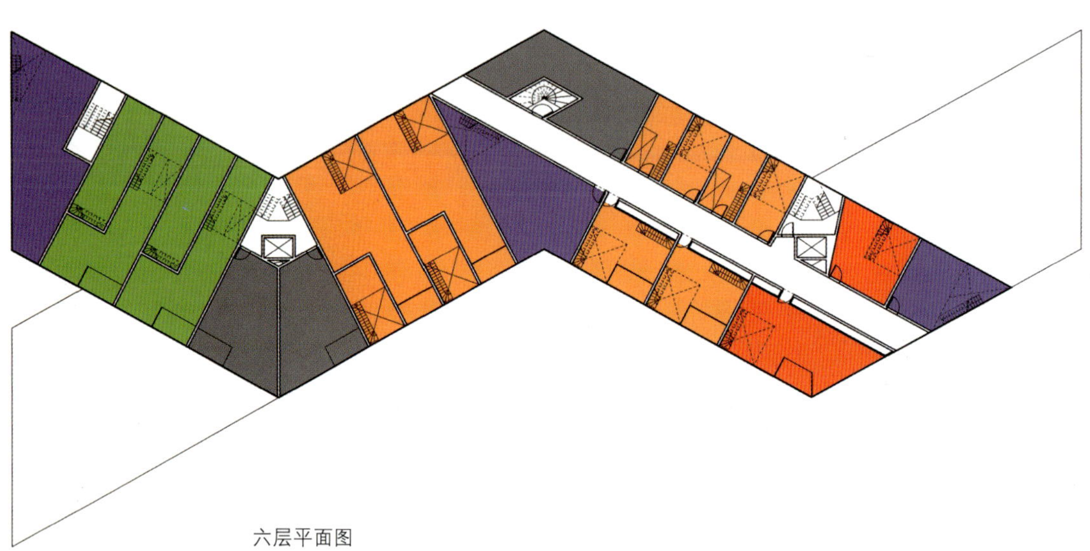

六层平面图

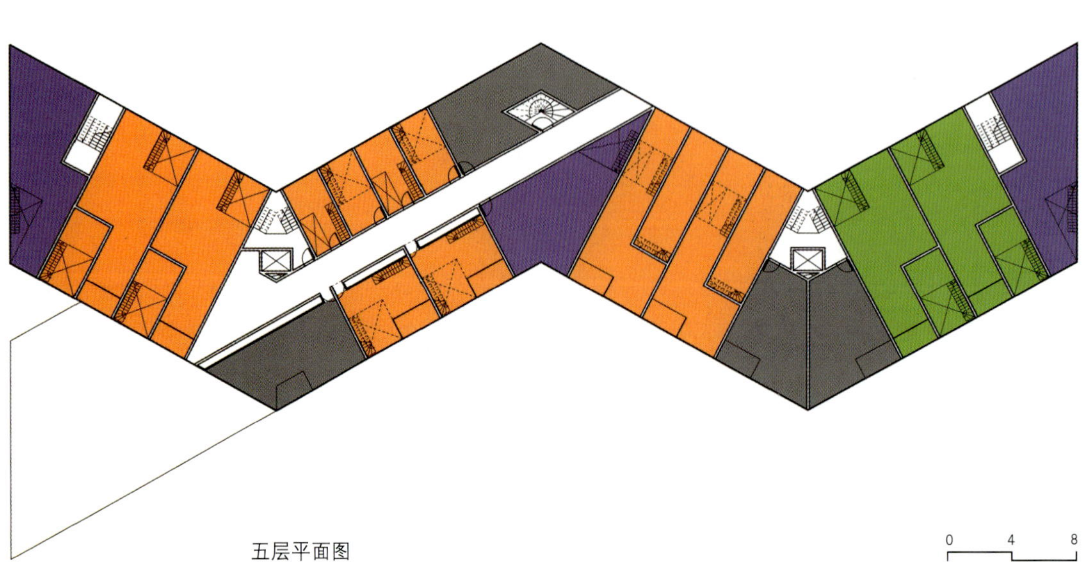

五层平面图

公寓M1

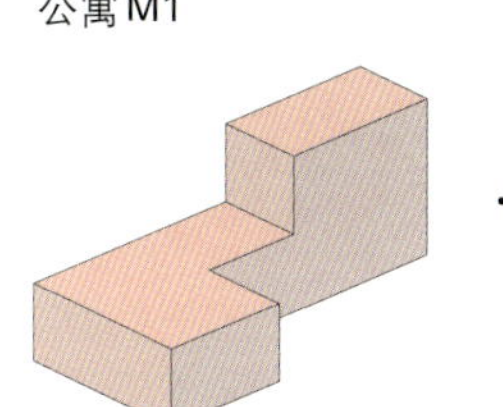

公寓M2

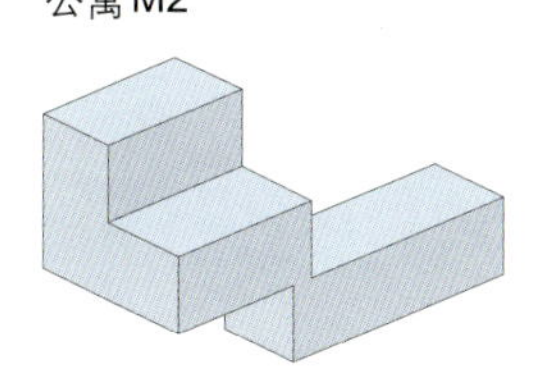

公寓M3

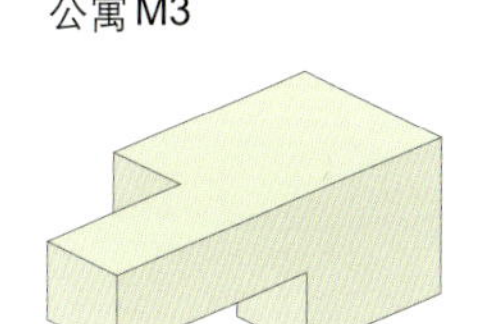

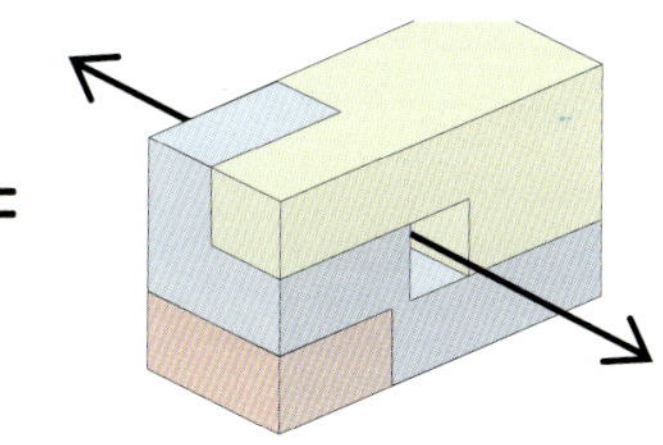

二层平面

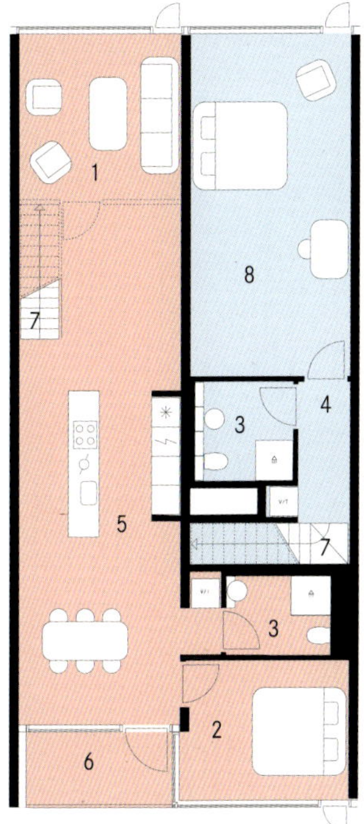

1. 房间（12平方米）
2. 卧室（10平方米）
3. 浴室（4平方米）
4. 门厅（6平方米）
5. 起居室，厨房（38平方米）
6. 房间（5平方米）
7. 楼梯间
8. 卧室（24平方米）

三层平面

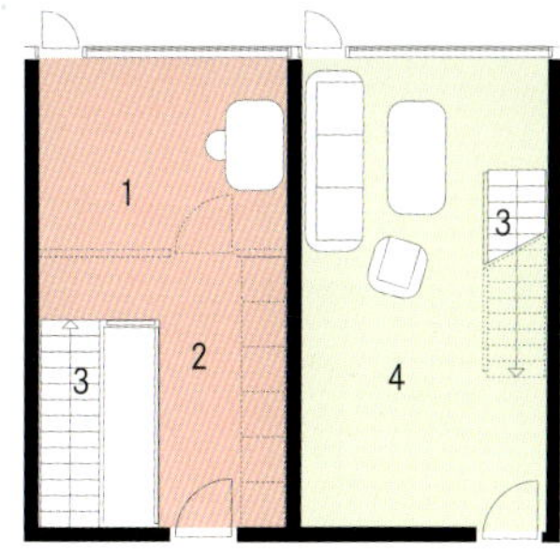

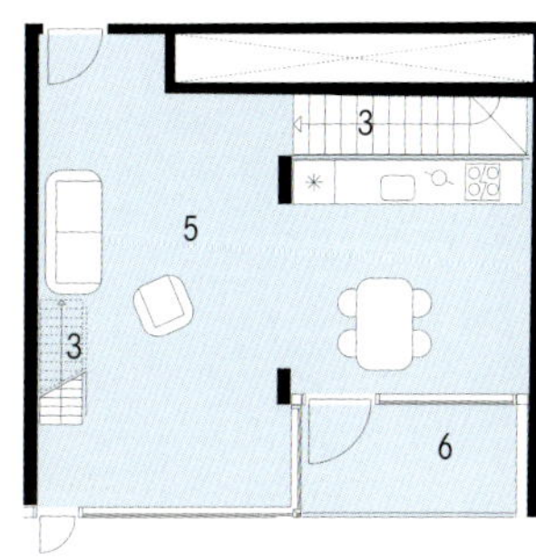

1. 房间（9.2平方米）
2. 门厅（8平方米）
3. 楼梯间
4. 起居室（21平方米）
5. 起居室，餐厅，厨房（33平方米）
6. 阳台（5平方米）

四层平面

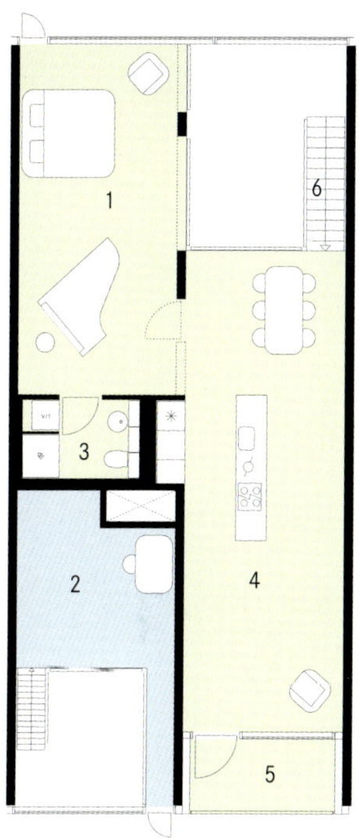

1. 卧室（26平方米）
2. 房间（13平方米）
3. 浴室（4平方米）
4. 起居室，餐厅，厨房（35平方米）
5. 阳台（5平方米）
6. 楼梯间

0 2 4

PLOT = BIG + JDS

Kai-Uwe Bergmann
NØrrebrogade 66 D
2200 Copenhagen K, Denmark
P. +45 7221 7227
F. +45 3512 7227
big@big.dk
www.big.dk

最新的多层住宅作品

山区住宅，哥本哈根，2008年
VM住宅，哥本哈根，2005年

TIP TOP LOFTS

紧邻多伦多港口的一大片仓库区属于1929年加拿大的一个纺织品公司Tip Top，当时是委托Bishop & Miller建筑事务所设计的，建筑师干净的艺术装饰风格使得仓库成为城市的标志性建筑。将近一个世纪之后，这片工业区已成为高级住宅区，而且是整个港口地区最昂贵的住宅区。

1929年的旧建筑是U形的，共5层，在U形的中部设计一个同样形式的U形建筑。新的部分在原有建筑的基础上稍退后，以强调新旧建筑之间的区别。立面设计也考虑到这种区别，旧仓库用相当多的混凝土来装饰边缘和浮雕部分，而新建部分则以简朴的钢构立面为主。

整个设计包括有50种不同的住宅户型，共计256个新单元，包括4层地下停车场。利用原有的仓库结构意味着新建的住宅有宽敞的开放空间和大的层高，居住者可以清楚看到原有建筑的某些部件。新建公寓拥有开阔的视线，自然光线透过朝向湖面或是建筑物围合形成的U形社区花园进入室内。

建筑师：

ALLIANCE建筑师事务所

用地面积：

23793平方米

建筑面积：

7557平方米

公寓数量：

256套

完成时间：

2005年

项目内容：

多户LOFT公寓，底层便利设施

主要材料：

结构钢，现浇混凝土，带铝合金框玻璃墙面，种植屋面系统，外表面保温面板

多伦多，加拿大

城市面积：630平方公里

人口数量：250.3万

人口密度：3972人/平方公里

照片来自

Ben Rahn. Alliance建筑师事务所

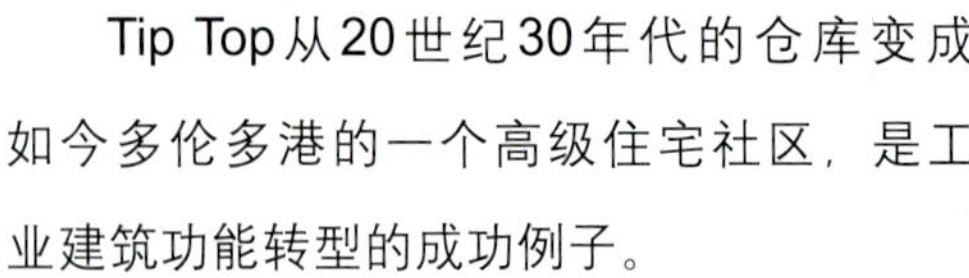

Tip Top从20世纪30年代的仓库变成如今多伦多港的一个高级住宅社区，是工业建筑功能转型的成功例子。

北立面图

加拿大的Tip Top纺织厂从事男装制造业，如今仍在运营。Alliance建筑事务所设计的U形住宅建筑，以纺织厂原名命名，明确表达出对基地曾经的工业建筑性质的纪念。

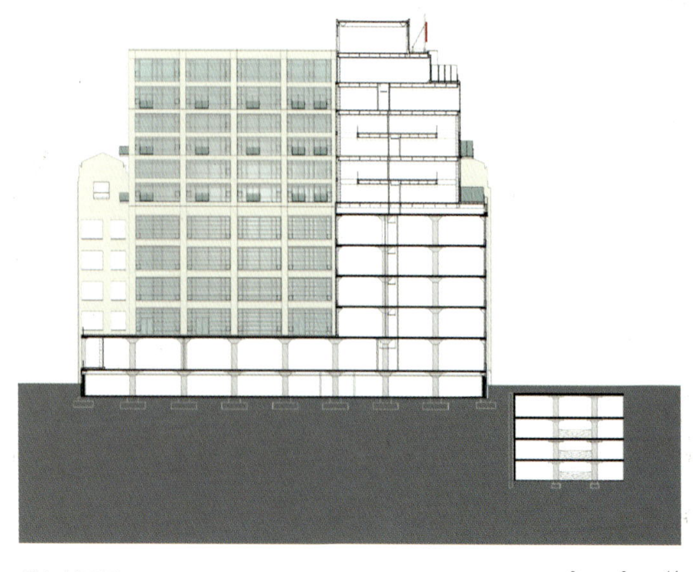

横向剖面图

背立面透视图

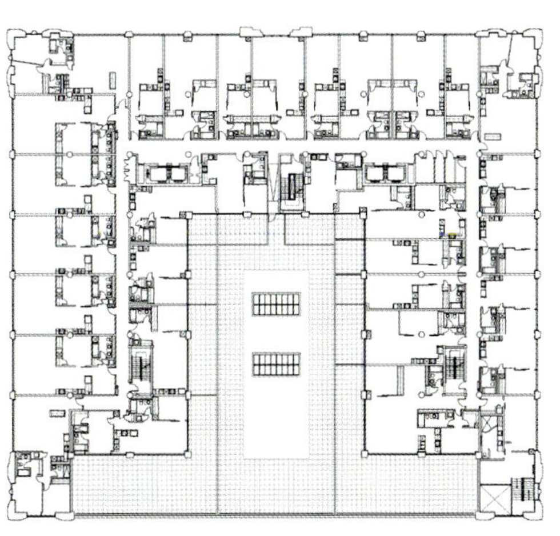

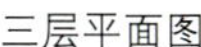
三层平面图

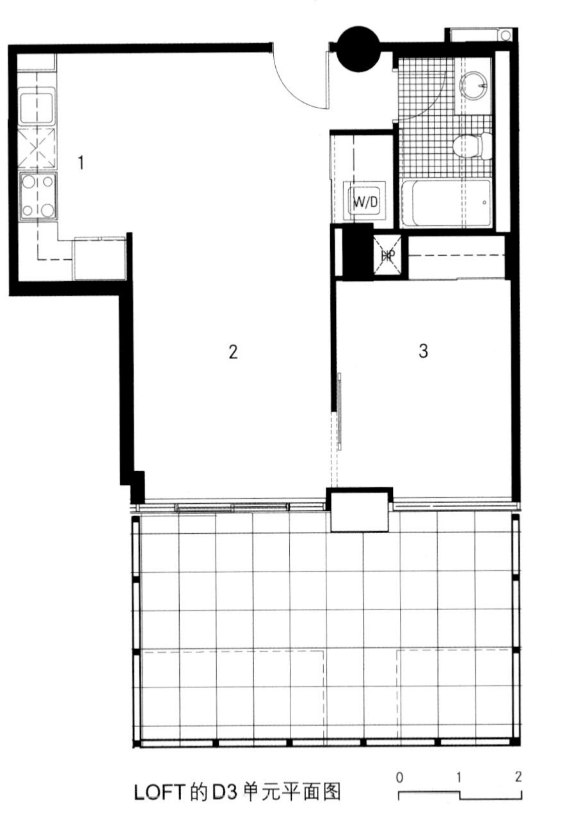

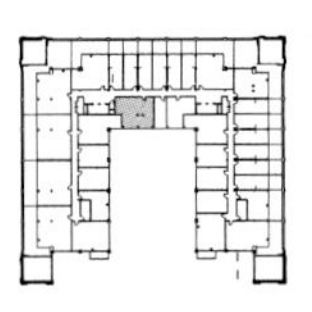

LOFT的D3单元平面图 0 1 2

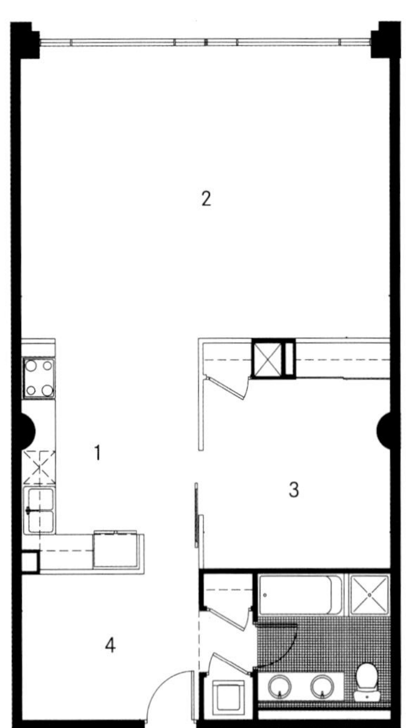

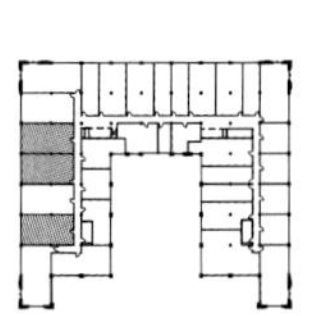

游艇俱乐部LOFT的F单元平面图 0 1 2

1．厨房
2．起居室/餐厅
3．卧室
4．书房
5．主卧室
6．餐厅
7．起居室

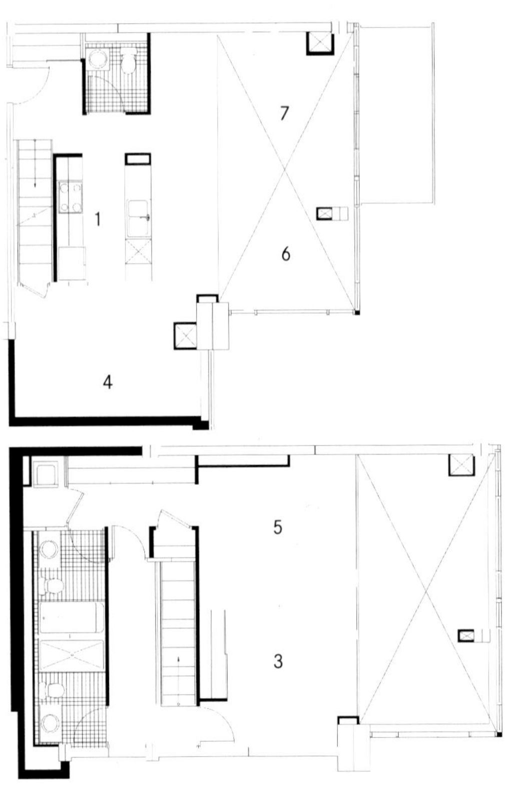

Princess' Gate LOFTS中间层平面图（L2） 0 1 2

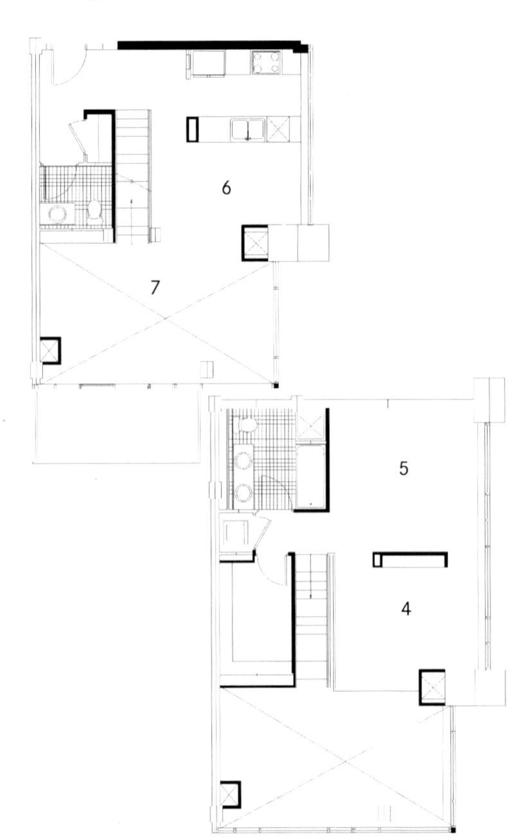

正对港口的LOFTS中间层平面图（L3） 0 1 2

整个项目花费5000万美元，共有50种不同户型，给每个业主在地下的4层停车场配备相应的车位。

除了开放空间和大玻璃窗显示这里曾经是一处旧仓库，室内层高也明显高于普通住宅建筑。

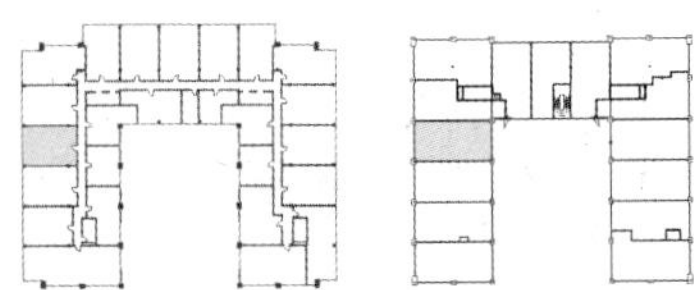

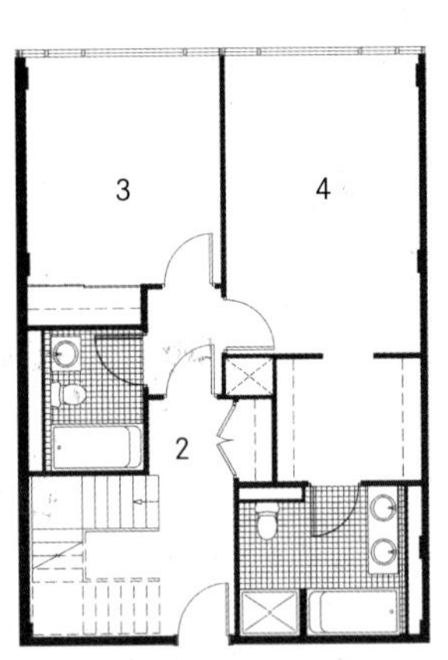

二层平面图

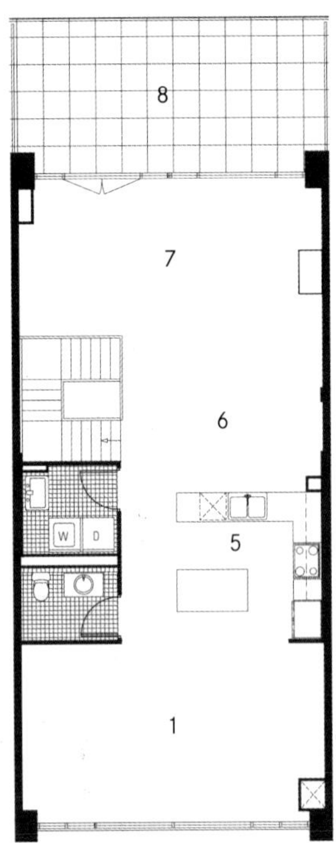

地面层平面图

游艇俱乐部内庭的阁楼LOFT（P6）

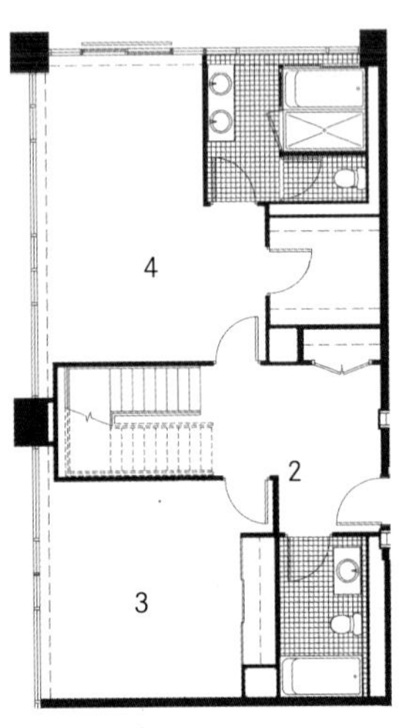

二层平面图

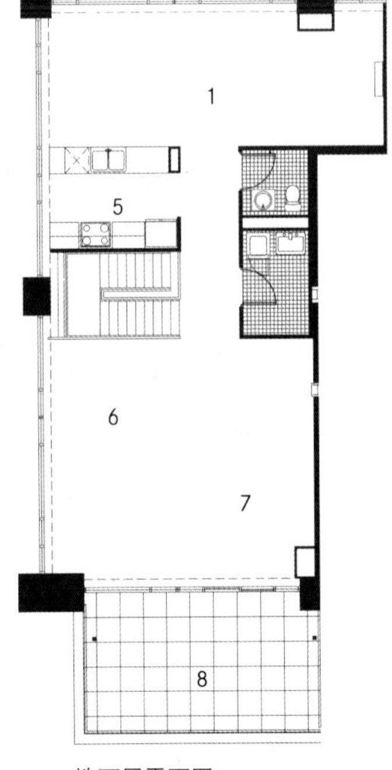

地面层平面图

Water's Edge LOFT (Q2)

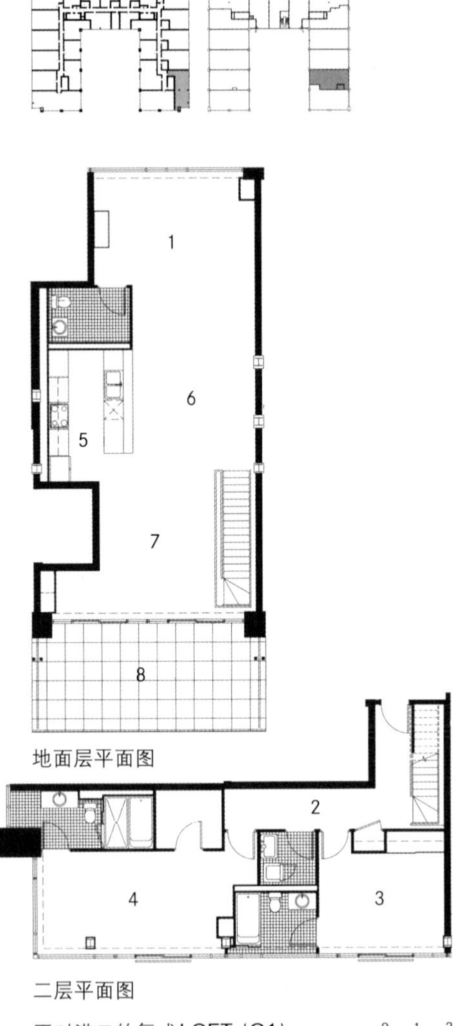

地面层平面图

二层平面图

正对港口的复式LOFT（Q1）

1. 书房
2. 过厅
3. 卧室
4. 主卧室
5. 厨房
6. 餐厅
7. 起居室
8. 露台

ALLIANCE建筑师事务所

317 Adelaide Street West
Toronto,ON M5V 1P9,Canada
P. + 1 416 593 65 00
F. + 1 416 593 49 11
Info@architectsalliance
www.architectsalliance.com

近年的多层住宅作品

Wellesley 22号，多伦多，2008年
NorthPoint住区，剑桥，美国，2008年
Pure Spirit社区，多伦多，2008年
Loretto住宅，多伦多，2007年
Spire住宅，多伦多，2007年
Evangel Hall住宅，2006年
住宅，多伦多，2006年
Tip Top LOFTs，多伦多，2005年
Yorkville 18号，多伦多，2005年
Radio城，多伦多，2005年
Grenadier Landing，多伦多，2005年
MoZo，多伦多，2003年

东云公寓

东云（Shinonome）坐落在东京湾的旧区，通过实现此项设计，日本获得了复合式居住区方案设计的新理念。设计师隈研吾提出社会性住房的新观念：除了增加住宅，还应配备大面积的办公区域和商店。在东云方案中就在住宅区附近设置了工作区和社区的活动区域。

公寓为14层加地下1层，室内空间是由走廊和通道联系的。内部的中心庭院偏向东立面，是主要的社区公共空间。中心庭院包围在住宅建筑中，面积为60平方米，住宅配套设置的工作室面积大约25平方米。配套的附属空间大部分用作卧室、工作室、办公室、商店或储藏室。走廊连接了各公寓和服务空间，同时避免了总是要下到底层的不便。

室内的社区活动室位于二层，以通道相联系。通道两旁是景观花园，西面正对停车场，专为社区居民和社区工作人员提供服务。

公寓的立面由钢和玻璃构成，室内采用木地板、石膏隔墙和半透明隔断。

建筑师：

隈研吾及其合伙人事务所

用地面积：

8625平方米

建筑面积：

5218.1平方米

公寓数量：

356套

完成时间：

2004年

项目内容：

公共住宅及商业功能

主要材料：

钢筋混凝土，不锈钢构架，玻璃

东京，日本

城市面积：621.44平方公里

人口数量：1279万人

人口密度：20581人/平方公里

照片来自

Tomio Ohashi, dbox

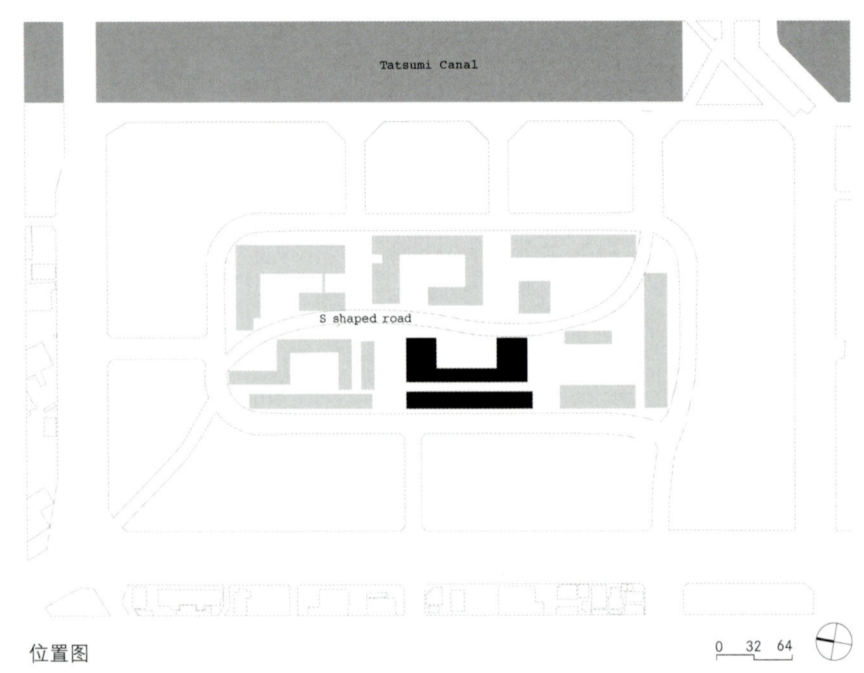

位置图

设计师隈研吾认为这项计划是针对勒·柯布西耶的“居住单元”概念的发展。整体设计最大的特点在于创造了三维的结构形式，突出了建筑的特征，与周围街道的混乱形成反差。

包括住宅、工作室、办公室和商业区在内的面积总共为40919平方米，地下室面积为6613平方米。设计师隈研吾将其命名为SOHO，是小型办公室和家庭办公室这类混合型空间的简称。

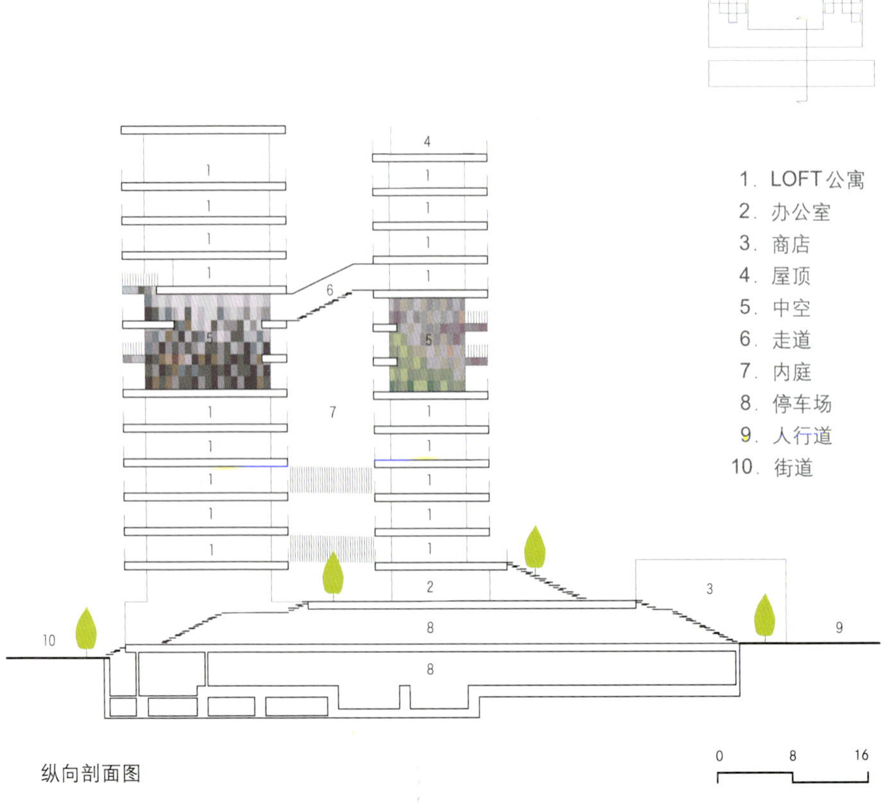

纵向剖面图

东立面图

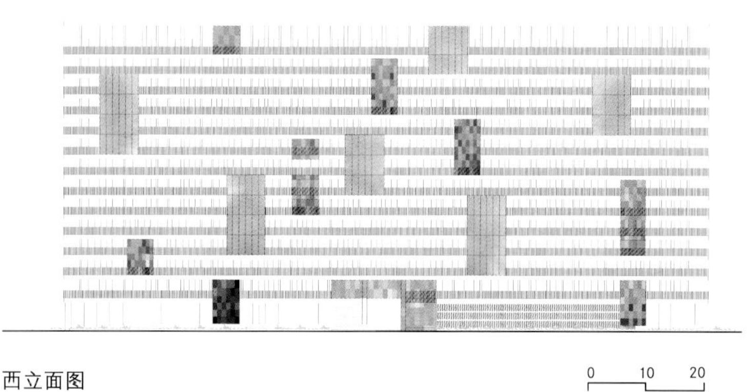

西立面图

0 10 20

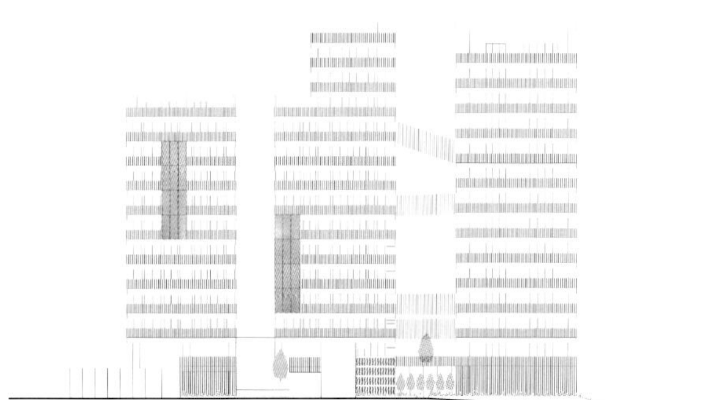

北立面图

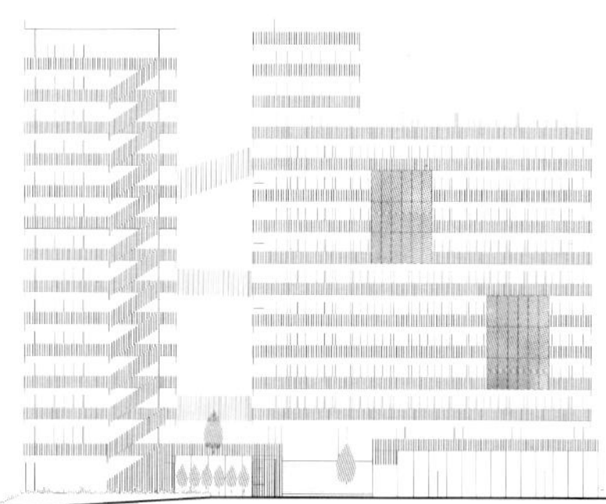

南立面图

0 10 20

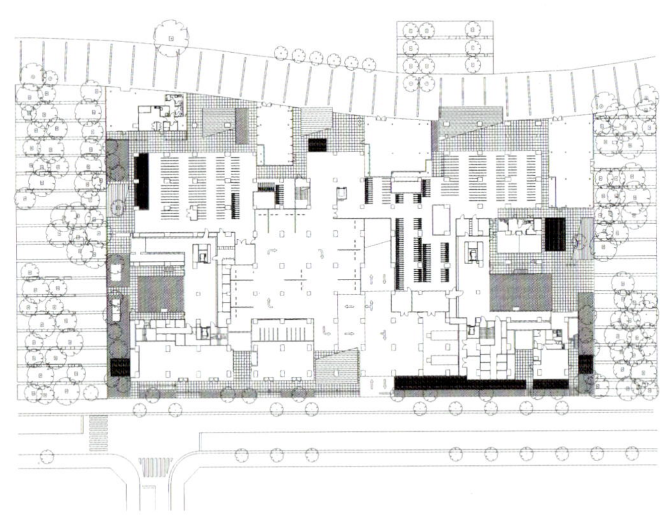

二层平面图

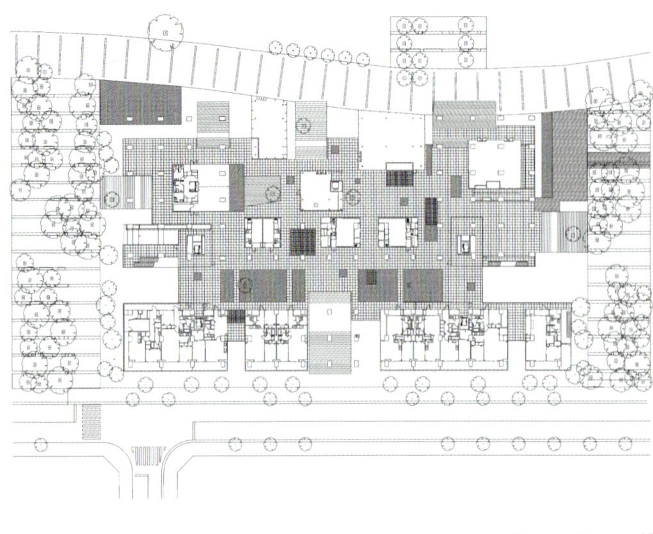

三层平面图

0　16　32

十层平面图

0　12　24

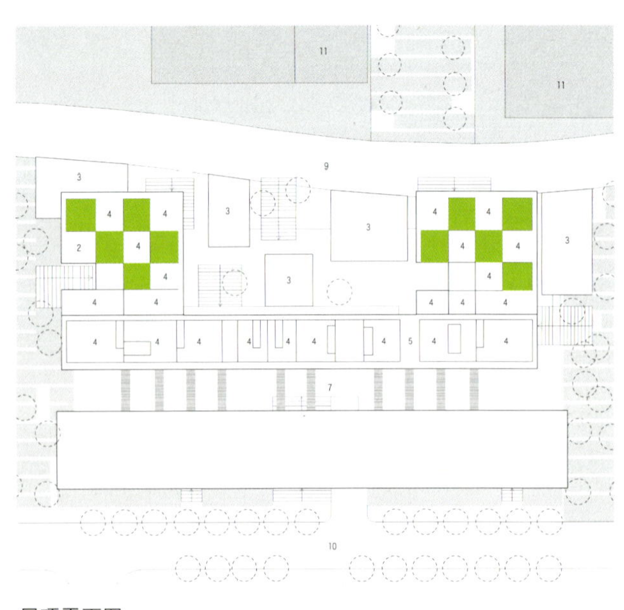

屋顶平面图

0　16　32

1. 住宅
2. 办公室
3. 商店
4. 屋顶
5. 中空
6. 通道
7. 内部庭院
8. 停车场
9. 街道
10. 周边道路
11. 周边建筑

住宅面积从43平方米到132平方米不等，并且设计为不同的居住形式。根据设计师的理念，住宅格局可以灵活分割，室内面积非常符合当代日本普通家庭的居住需要。

社区公共活动空间的日式花园格外引人注目。另外顶层的景观花园和各家的花圃都是由居住区的住户负责照料的。

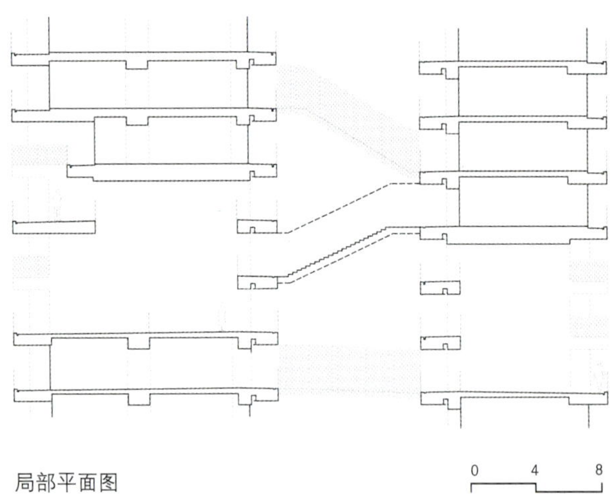

局部平面图

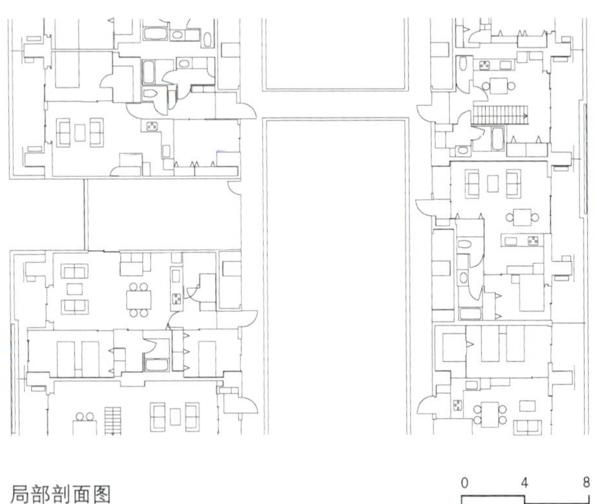

局部剖面图

隈研吾及其合伙人事务所

2-24-8 BY-CUBE 2F
Minamiaoyama,Minato-ku
Tokyo 107-0062,Japan
P. + 81 3 3401 7721
F. + 81 3 3401 7778
kuma@ba2.so-net.ne.jp
www.kkaa.co.jp

目前的多层住宅项目

Tobata C住区，Kitakyushu，福冈，2007年

EVIDEA住区

EVIDEA建在Cekmeköy，毗邻伊斯坦布尔的郊区，那里建筑物正在迅速地增加。该设计在概念和审美上不同于这个国家中其他地方的大部分建筑，因为当地的建筑规则是适应正在被大开发商们实施的大规模的建造形式的。

市政当局划定了允许建造的总体区域，规定建筑物的限高为9层，决定立面设计的方式，以及外部和内部的适宜比例和尺寸。由开发者来设定销售条件和时间，确定与公寓大小相符的卧室的数量及服务面积的大小，所使用的材料的种类，还有预算额度。

建筑师设计了四个统一、简洁的紧邻内部庭院的体块，采用彩色灰泥饰面，与土耳其独栋住房的可渗透性和交错梯台式的特征是不同的。

中央的庭院变成了一个阔大的连续空间，在这里花园和水池融汇在一起，周边的私人花园也是如此。机动交通被限制在建筑物的外围及地下停车场。

EVIDEA的建设费用将近5000万美元，大约有2000住户从市区搬至这里，他们喜爱这个住区的优越之处。

建筑师：

EEA-EMRE AROLAT NEVZAT SAYIN, IHSAN BILGIN建筑师事务所

用地面积：

150000平方米

建筑面积：

8770平方米

公寓数量：

473套

完成时间：

2003年

项目内容：

私人住宅与公共设施

主要材料：

混凝土框架（结构），

石膏与涂料，穿孔金属板（面层），

天然木材（遮阳板）

Cekmeköy，伊斯坦布尔，土耳其

城市面积：1831平方公里

人口数量：1137.26万

人口密度：6211人/平方公里

照片来自

Emre Arolat

总平面图

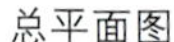

Evidea 居住综合体是土耳其新居住建筑的标准样本之一。它位于Cekmeköy，伊斯坦布尔的一个郊区，正在快速发展着。

共有4栋住宅楼，总计473个单元。总投资为5000万美元；内部庭院空间满足居住生活的休闲需求。

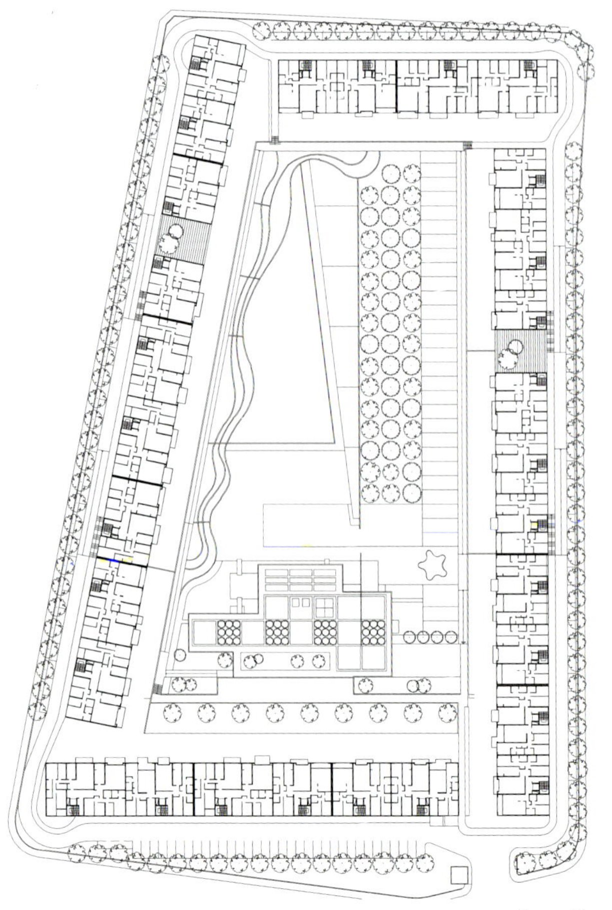

居住综合体底层平面图

0 15 30

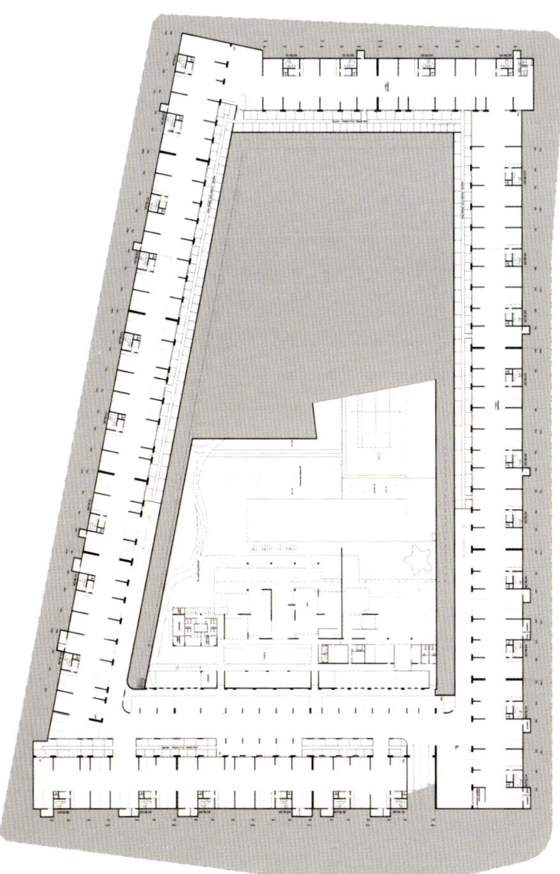

居住综合体 -3.05米标高处平面图

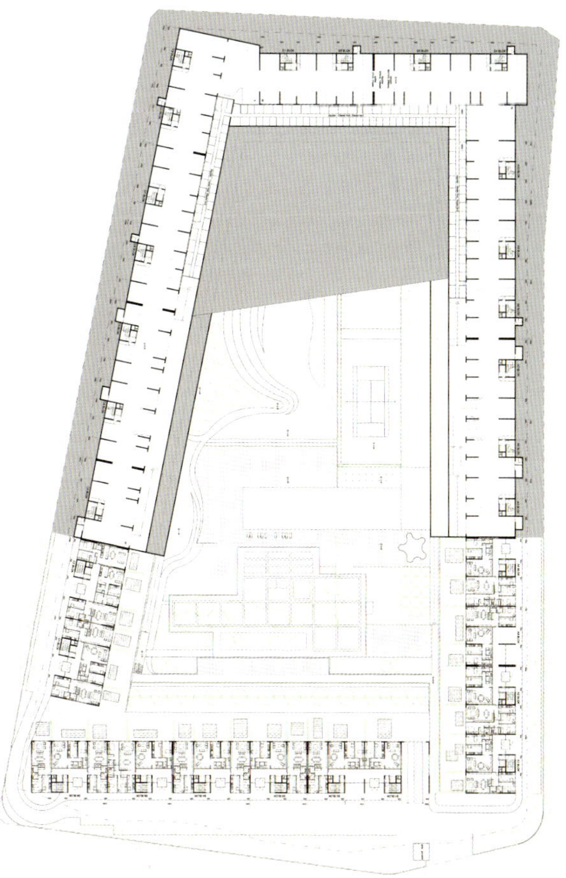

居住综合体 -0.3米和+0米标高处平面图

0 15 30

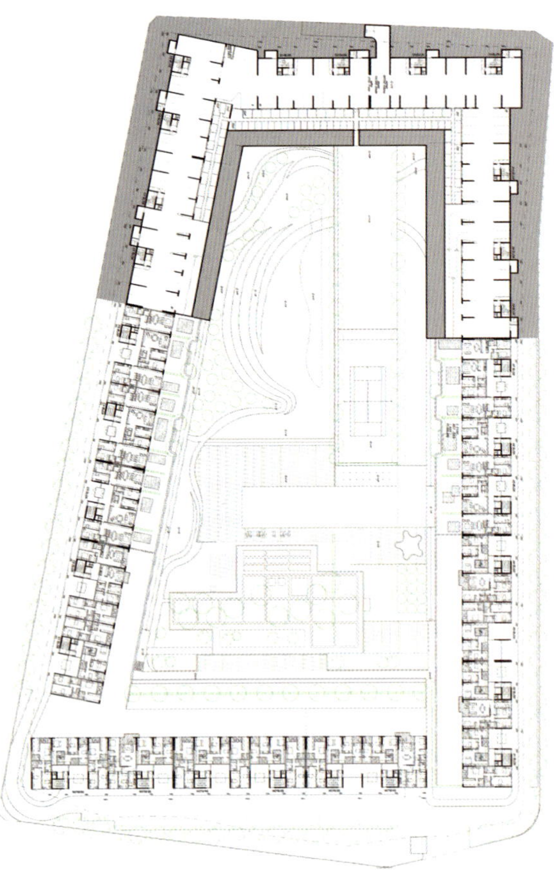

居住综合体 2.7 米和 3.05 米标高处平面图

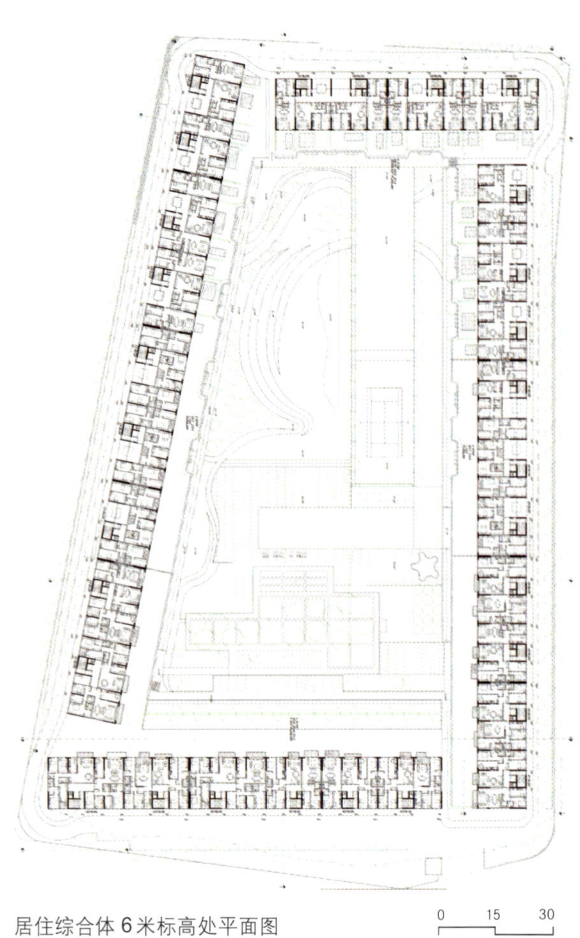

居住综合体 6 米标高处平面图

EEA-EMRE AROLAT SAYIN, IHSAN BILGIN 建筑师事务所

Nispetiye cad 112 k.2 etiler
34337 Istanbul, Turkey
P. +90 212 265 07 14
F. +90 212 265 07 20
info@emrearolat.com
www.emrearolat.com

近年的多层住宅工程

Ağaoğlu Bodrum 度假地，Muğla，2007年
Morada住宅设计，伊斯坦布尔，2007年
Rosa Blanda住宅，伊斯坦布尔，2000年
Savoy Ulus住宅，伊斯坦布尔，2000年
Yamaçkent住宅，Almaty，2004年
Evidea，伊斯坦布尔，2003年
Kemerlife 21住宅，伊斯坦布尔，2003年
Ataköy 住宅，伊斯坦布尔，2003年
住宅综合体，Aomori，2002年
K Grup Ulus 住区，伊斯坦布尔，2002年

XINZHAO住宅区

这个规模巨大的工程是由GMP与北京Victory Star建筑设计有限公司中国工作室合作设计的，初期总的开发面积超过15.79万平方米，共计1468套公寓；在未来发展的3期还将增加60.39万平方米和5800套公寓。

这个项目的主体建设用地被一条轴线分成四个区域，这条轴线的中段由三个连续的广场组成，将北段和南段联系起来，南段将是预建学校的空间。居住区的中心是一个公园，通过几片不同的绿树成荫的区域和小的空地创造一个联系东、西的绿色走廊。

联系东西的一列住宅也确定了南北方向的主要立面。这个结构是严整的、线性的，仅仅被公寓楼之间大小不同的开敞空间打断，这些开敞空间即是公寓楼之间的内部庭院。这些庭院和绿色走廊的存在使休闲区域的创造成为可能，缩小了这个工程的巨大规模，使其在更为宜人的尺度上发展。

虽然设计的概念是在整个用地中通过加高正立面或是常规的强调手法来保持相同的比例，每个街区的公寓的数量与所处区域仍然是适合的。

所有区域通过一个中心林荫大道和位于用地南侧的停车场连接，环绕在南北向的内部庭院周围的路网与建筑物之间的出入口相互联系。商业空间设置在整个用地的东南侧，面向主干道的建筑物的底层也设为商业空间。

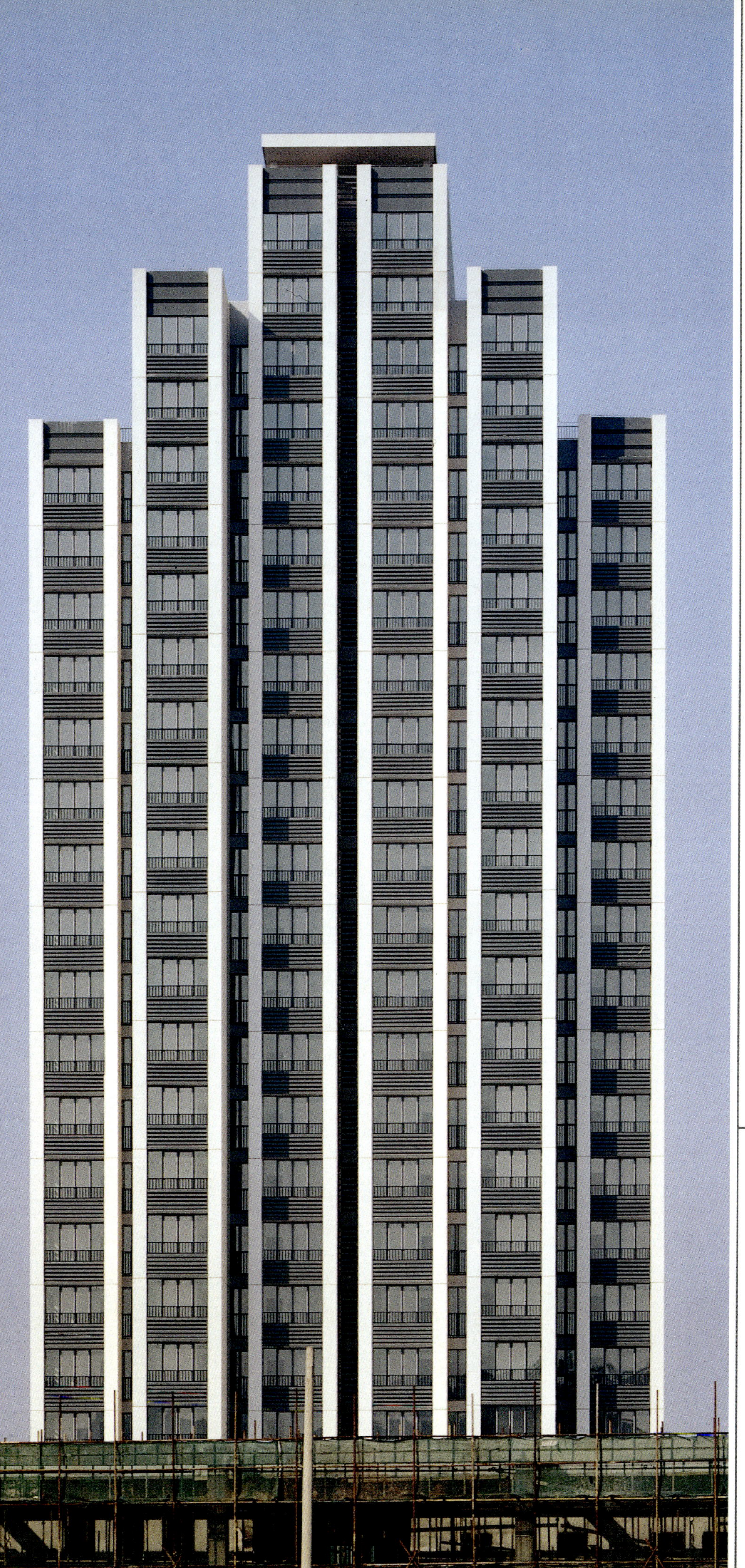

建筑师：

GMP－冯·格康合作建筑师事务所

用地面积：

235000平方米

公寓面积：

2163平方米

（建筑一期和二期）

完成时间：

2004年

项目内容：

私人住宅+零售商业

主要材料：

钢筋混凝土

北京，中国

城市面积：16801.3平方公里

人口数量：1743万

人口密度：1037人/平方公里

照片来自

Fuxing Studio, Jan Siefke

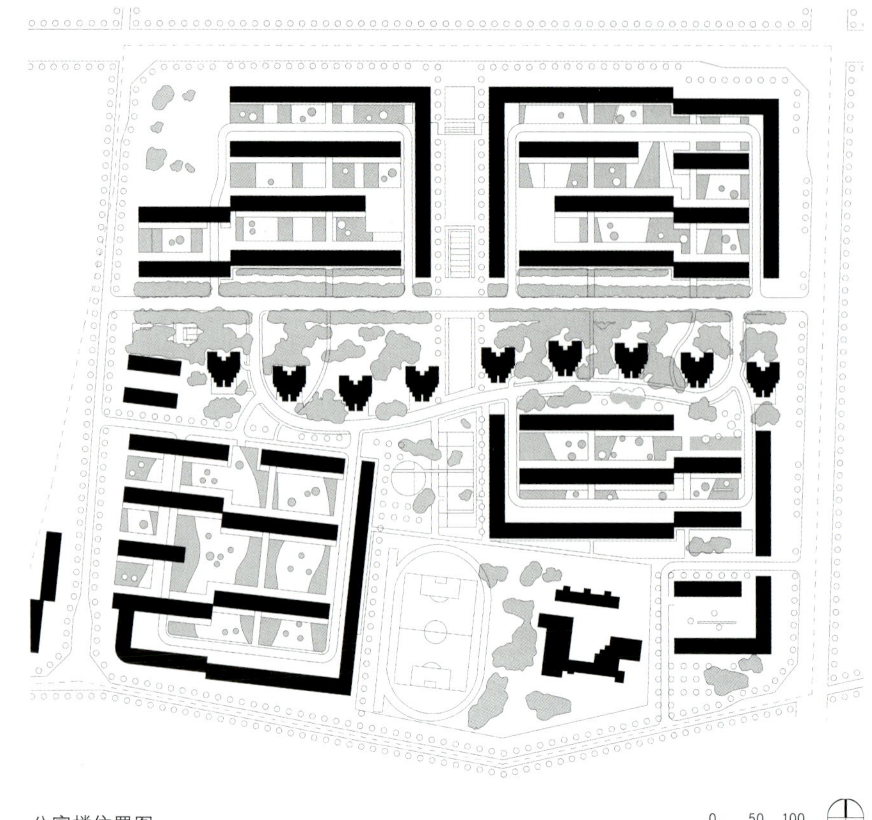

公寓楼位置图

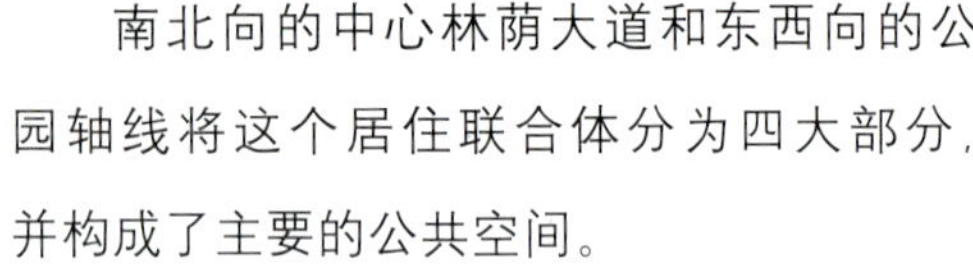

南北向的中心林荫大道和东西向的公园轴线将这个居住联合体分为四大部分，并构成了主要的公共空间。

用地被两条城市主干道和两条较小的道路包围。南部是体育设施和学校，工程全部完成后将满足5800户公寓居民的生活需要。

花园总平面图

T1 正立面图

T2 正立面图

T3 正立面图

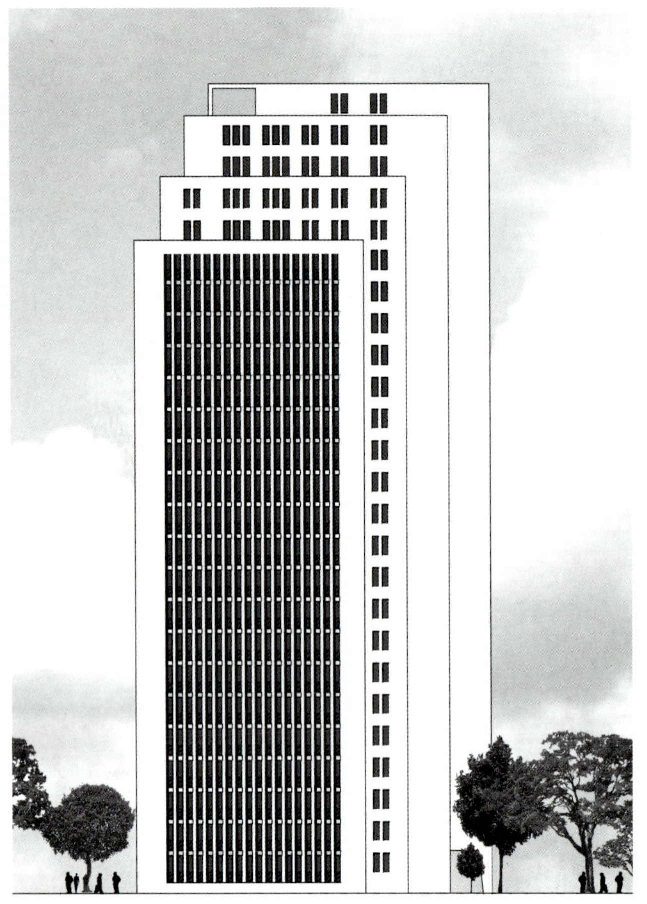

T4 侧立面图

T4 正立面图

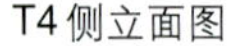

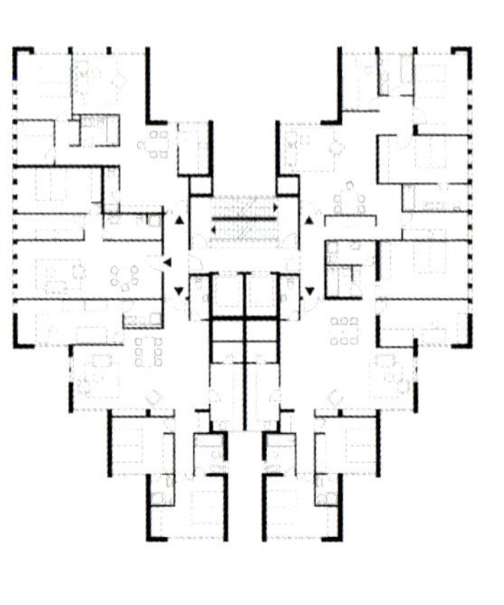

T4 标准层平面图

每个区域的布局结构都能够创造增强私密性的花园区域和小气候。建筑的层数从11层到24层不等。

公寓楼（T4）的垂直结构与水平结构及综合体其他区域的矩形平面（T1、T2、T3、T4）形成对比。

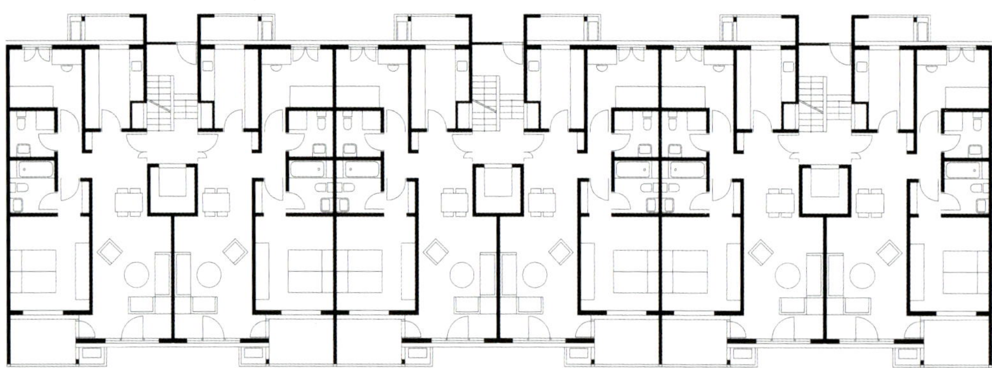

T2标准层平面图

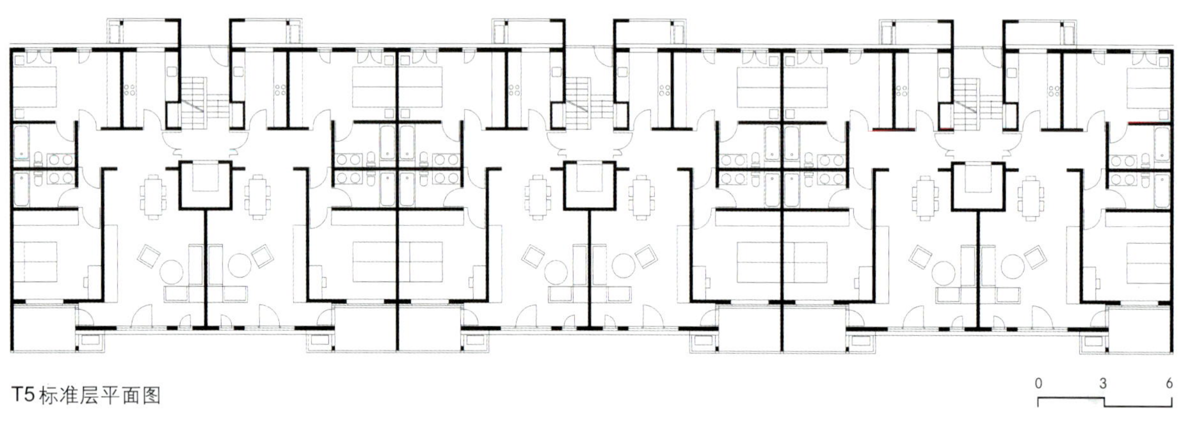

T5标准层平面图

0 3 6

GMP-冯·格康合作建筑师事务所

Elbchaussee 139
22763 汉堡，德国
P. +49 40 88 151-0
F. +49 40 88 151-177
Hamburg-e@gmp-architekten.de
www.gmp-architekten.de

近年的多层住宅工程

北京别墅，北京，2008年
XINZHAO住宅区，北京，2004年
公寓住宅，Jurmala，2000年
德国学校和公寓住宅，北京，2000年
住宅综合体，Friedrichshain，柏林，1977年
Star住宅，Norderstedt，1997年